原來了解葡萄酒，這麼簡單

圖解葡萄酒知識入門，寫給只憑感覺挑酒的你

日本侍酒師協會認證侍酒師
小久保尊
山田Koro 插畫
李瑷祺 翻譯

前言

Préface

獻給憑「直覺」挑選葡萄酒的你。

不討厭葡萄酒。

也曾在酒吧點過葡萄酒，也曾在超市或百貨公司裡逛過葡萄酒賣區。

可是，酒瓶的標籤上寫些什麼，怎麼也看不懂……

法國產、德國產、義大利產、智利產……完全搞不清產地不同，味道會有什麼不同。

「五百二十四元的葡萄酒，會比兩百六十二元的好喝兩倍嗎？」

——也看不出不同價格的酒會帶來什麼不同價值。

「淡、淡一點的那種。不、不要太甜的那種。」

——被服務生或侍酒師問到偏好哪一種酒時，就會變得支支吾吾。

「既然上面寫著『金牌獎』、『熱銷酒款』，那就選這支吧～」

——所以到了最後，每次都只能選擇貼著「店家推薦」標籤的酒，或者從拍賣花車的促銷品中隨便選一支……

就連嗜酒且長年飲酒的人，往往也都與「葡萄酒」維持著這種關係。

這本書就是為了這樣的讀者而生的。

筆者從一個道道地地的動畫阿宅，變成葡萄酒侍酒師，現在是葡萄酒吧的老闆兼侍酒師。這本書是這樣的筆者，將「葡萄酒」這一門如西洋畫般複雜得難以捉摸的學問，用一個阿宅的觀點加以簡化說明，所寫出的葡萄酒入門書，就像把實際影像轉化成八位元的點陣圖一般，讓讀者看完後會覺得「自己對葡萄酒好像有點概念」。

葡萄酒在全球各地都是生活中經常飲用的飲品。

甚至還有很多地方存在著，比「白開水」還便宜的葡萄酒。葡萄原本就是高糖分的水果，只要放著不管，自然會變成酒。所以葡萄酒的來歷就像是，一個有水分又有糖分的東西，自己變成了酒，而這個酒又在偶然的機緣下被猴子喝到一樣。

因此基本上，喝葡萄酒既不必具備淵博的知識，也不該是什麼高門檻的事。

然而，大眾卻抱持著「葡萄酒很難入門」的觀感，這或許是因為，地位崇高的專家們所撰寫的入門書或指南書，都「過於正式」的緣故。

筆者所具有的知識，也不達葡萄酒指南書上所寫的一半，因為根本用不到這麼多。筆者向前來敝店品酒的顧客，闡述葡萄酒的魅力時，依然可以侃侃而談，從未有過知識不足的困擾。因為理解葡萄酒這門學問，需要的不是正確的知識或歷史背景，而是「怦然心動」的感覺。

筆者希望能夠竭盡全力向各位傳達這種「怦然心動」之感。只要理解了令人怦然心動的點在哪，「一般葡萄酒指南書」的內容，對你而言將會變得如同小菜一碟。換句話說，這本書就像是「為葡萄酒指南書而寫的葡萄酒指南書」。

話說回來，葡萄酒的味道真的很難分辨嗎？

蒞臨敝店的顧客中，許多人都說他們對於其他酒類，還可以說得出自己的偏好，唯獨對葡萄酒實在分不出差別來。

這是為什麼呢？

筆者雖然具備侍酒師的證照，但卻對自己的味覺毫無自信。

筆者既分辨不出啤酒、發泡酒和第三類啤酒的差別，對於食物標準也是「只要是鹹的就覺得好吃」。還曾經在大讚女友做的菜之後，才知道原來那是買回來的加熱即食食品。

即使如筆者這般的味覺白痴，也敢說「每一種葡萄酒的味道都完全不同！」

葡萄酒的種類確實繁多無比，據說全球有幾十萬種葡萄酒。

即使如此，只要掌握了「主要角色的特徵」，你也能確切地品嘗出葡萄酒的差異。

一部系列動畫，若從中途開始看，我們會難以融入故事情節中，但知道了主要角色的性格、作用以及相互間的關係後，就能逐漸看出故事的整體樣貌。

葡萄酒所建構出的世界，也跟這狀況有幾分類似。

葡萄酒中也存在著「主要角色」。當你逐漸開始了解這些「主要角色」的性格後，原本百無聊賴地陳列在店鋪中的葡萄酒瓶，就會化身成你所喜愛的動畫公仔般，變得耀眼奪目。於是，你會對這一瓶瓶的葡萄酒，產生愛意、親密感與興奮之情。而這個時候，只要一提到葡萄酒，你就會關不住話匣子，即使別人不想聽，你也會忍不住說個沒完。

對筆者而言，葡萄酒最大的魅力，在於它能夠直接在味道上，投射出品嘗者的人生經驗值。

比方說，大約在筆者二十歲時，曾經有幸喝到一款名為【拉塔希園】（Lâ Tache）的高級葡萄酒。老實說，我當時的感想只有「感覺好像很厲害，但我也搞不清楚厲害在哪裡」。

哎呀，真是暴殄天物！

一支要價好幾千元的葡萄酒，竟然被筆者用一句「我也搞不清楚厲害在哪裡」打發掉，實在太浪費了！

但這也是無可奈何，高級的葡萄酒，不是要讓大家都覺得「好喝」，而是在等待一個等級夠高的品嘗者來喝下它。

對當時的筆者而言，拉塔希園來得實在太早。那時家庭餐廳提供的廉價葡萄酒，對筆者來說就已綽綽有餘。

而後，筆者經歷了一次又一次的挫折，跌跌撞撞地經營起兩間酒吧，嘗盡了人生的酸甜苦辣後，如今連喝到比拉塔希園低好幾個等級的葡萄酒，也能感動到三天三夜都沉浸其中。

我無法清楚地說明為何自己會如此感動。

但我覺得，愈好的葡萄酒，似乎愈能勾動品嘗者銘刻在人生中的記憶。

雖然前面筆者誇誇其談地講了這麼多，但在漫長的人生中，就算從不了解葡萄酒，大概也不會有什麼不便之處。

那麼，筆者為什麼還是這麼希望能讓各位讀者多了解一些呢？

那是因為，了解葡萄酒的人感覺上很有品味，你不覺得嗎？

「今天跟難得見面的好友聚會，那就用田帕尼優（Tempranillo）來炒熱氣氛吧！」

——來到葡萄酒賣區時，不必再為了該喝哪種葡萄酒而感到困惑。

「這支是二〇〇二年的【卡隆塞居堡】（Château Calon-Ségur），難怪要賣到這個價格。」

——能夠了解葡萄酒價格背後的價值。

「接下來我想稍微清一清口中餘味，那下一杯就點白蘇維濃（Sauvignon Blanc）吧。」

——來到葡萄酒吧，也比較知道如何表達自己的偏好。

「那今天就吃椒麻雞配上澳洲的希拉茲（Shiraz）吧！」

——能夠依據當天的心情，選擇搭配食物的葡萄酒。

每個這樣的瞬間，常會讓我們覺得自己「好像挺有品味的」，這也是十分愉快的體驗。

誠摯地邀請各位，試著跟筆者一起踏入葡萄酒的世界。

你邁出的這一小步，一定能讓你的人生變得更複雜、更多樣，同時又增添一些迷人氣息。

原來了解葡萄酒這麼簡單

目次

Contenus

Contenus

第2章 舊世界

Contenus

第3章 新世界

※本書所使用的幣值為台幣，兌換日幣匯率為0．262。（為二〇一七年二月十六日的匯率）

登場角色介紹

轉學生

味覺和收入都很平凡的上班族。有著受人拜託就無法拒絕的個性。

梅洛 Merlot

紅

落落大方而醇厚的大姊姊。粗澀味（單寧）、酸味較不明顯，味道溫和。

店員小姐

葡萄酒鋪的店長，兼任葡萄酒教室的講師。有時候會為了葡萄酒的推廣活動，而將顧客軟禁。

卡本內・弗朗 Cabernet Franc

紅

專門襯托大家的好配角。若混合其他品種，就會多出一股「高雅感」。

卡本內・蘇維濃 Cabernet Sauvignon

紅

無論分派到任何職責，皆能愉快勝任的資優生。成熟老練、富含粗澀味（單寧）的正統紅酒。

夏多內 Chardonnay

白

和藹可親、大家的偶像。風味會隨產地與釀造者的不同，而產生大大的改變。

黑皮諾 Pinot Noir

紅

有著令人難以親近的高貴與美麗。帶有玫瑰花香，加上紅色水果的滋味。

希哈 Syrah

紅

朝氣蓬勃又調皮搗蛋，是大家的開心果。具有辛香料氣味，口感厚重。

加美 Gamay

紅

天真無邪又任性的小女孩。以薄酒萊（Beaujolais）廣為人知，帶有草莓香的即飲型酒款。

維歐尼耶 Viognier

白

天真爛漫的天然呆帥哥。白色花朵般的香氣與獨特的水果風味，令人愛不釋手。

皮諾・莫尼耶 Pinot Meunier

紅 白

擁有連黑皮諾都無法忽視的冷豔之美。同時也是隱藏在香檳中的主角。

格那希 Grenache

紅

土氣未脫的鄉下姑娘，但未來充滿無限可能。帶有草莓果醬與黑胡椒的香氣。

灰皮諾 Pinot Gris

白

具有神祕而充滿魅力的矛盾性格。在義大利會變得「爽口」，在法國則變得「厚重」。

胡姍 Roussanne

白

總是在幫忙馬姍的照顧者。有著如蜂蜜、杏桃般的精緻香氣。

格烏茲塔明那 Gewürztraminer

白

只要是花俏豔麗的事物通通喜歡的辣妹。帶著如同荔枝或香水般獨特而強烈的香氣。

馬姍 Marsanne

白

因體弱多病無法踏出家門，而變成一個大宅女。酸味雖低，實際上卻有著馥郁的香氣。

蜜思卡得 Muscadet

白

衣服老是髒兮兮，但個性爽朗的凸槌男。容易入口，味道質樸而爽口。

麗絲玲 Riesling

白

臉上藏不住心事的傲嬌女孩。有時是味道鮮明的干型葡萄酒，有時是酸甜度協調的甜型葡萄酒。

蜜思嘉 Moscato

白

可愛的小弟弟型男生，實際上可能是個壞心眼的人。帶有甜甜的香氣與味道，大受年輕女性青睞。

白蘇維濃 Sauvignon Blanc

白

乖巧又酷酷的天然呆美少女。帶有花草香和葡萄柚氣息的爽口風味。

山吉歐維樹 Sangiovese

紅

以「奇揚第」（Chianti）廣為人知，不屈不撓的領導型人物。粗澀味（單寧）與酸味的調和恰到好處。

白梢楠 Chenin Blanc

白

明明不想引人矚目，卻反而變得十分顯眼的怪小孩。具有任何一個部分都很突出的奇特滋味。

內比歐露 Nebbiolo

紅

以「巴羅洛」（Barolo）而聞名、不諳世故的王子殿下。成熟期長，味道厚重而濃郁。

卡利濃 Carignan

紅

原本是一個小混混，最近才重新做人。具有香菸和巧克力的香氣，以及成熟果實的滋味。

多隆蒂絲 Torrontés

白

外表看起來完全是個女孩，但實際上男扮女裝，也就是所謂的偽娘。有著如同水果優格般的甜甜香氣。

米勒托高 Müller-Thurgau

白

雖然樸素不起眼，卻是受到大家仰慕的幕後人才。有著不標新立異而直截了當的風味。

甲州 Koshu

白

害羞而沉默寡言，才德兼備的傳統日本美女。較易搭配日本料理，帶有高尚的香氣與味道。

西萬尼 Silvaner

白

老是被麗絲玲超前的女孩子。其溫和的風味，能將酸味強勁的葡萄加以中和。

貝利A麝香 Muscat Bailey A

紅

拉著害羞的甲州到處跑的活力少女。散發出淡淡的黑蜜（黑砂糖煮成的糖漿）和紅色水果的風味。

馬爾貝克 Malbec

紅

外表粗獷，內心住著一個粉紅系男孩。帶有黑加侖（Blackcurrant）和紫花地丁的香氣，以及恰到好處的粗澀味（單寧）。

皮諾塔吉 Pinotage

紅

出生自南國而怕冷的舞蹈少女。野性十足的水果多汁感，十分具有魅力。

金芬黛 Zinfandel

紅

精力充沛、性情溫和的大姊頭。以濃縮而強勁的水果味讓眾人臣服。

榭密雍 Sémillon

白

讓人忍不住想保護的天然呆凸槌女孩。口感柔滑，酸味較低。

卡門內里 Carménère

紅

成天吃個不停、有著自己的步調的男孩。帶有醇厚的水果風味，粗澀味（單寧）較低。

田帕尼優 Tempranillo

紅

愛耍帥又熱情的潮男。帶有洋李和黑櫻桃等黑色系水果的強勁香氣。

仙梭 Cinsault/Cinsaut

紅

適合出現在夏季觀光景點的健康女孩。散發出桃子和草莓的清香。

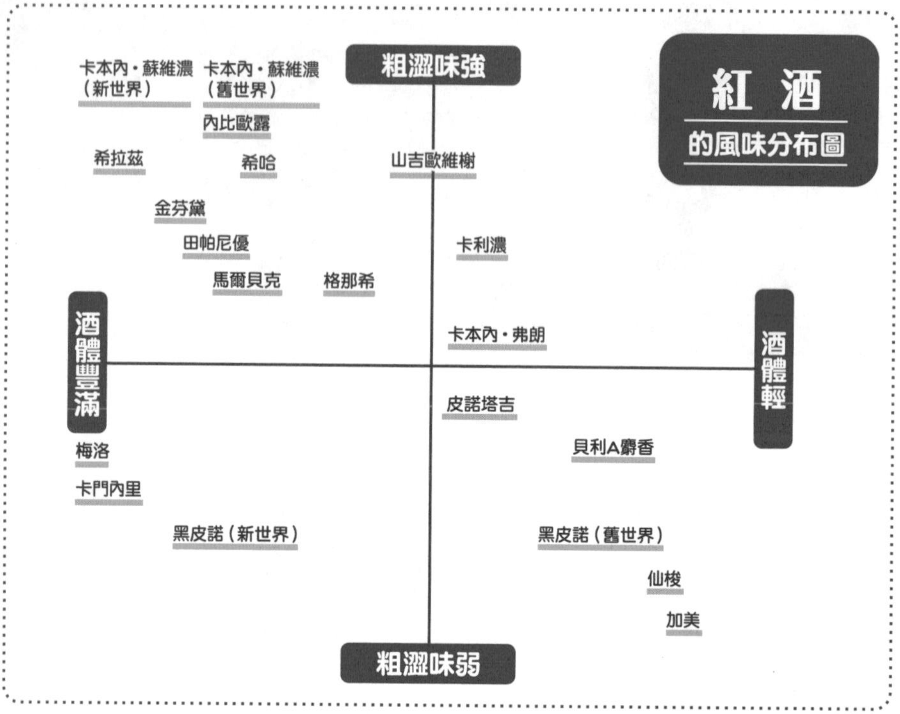
紅 酒
的風味分布圖
粗澀味強
粗澀味弱
酒體豐滿
酒體輕
卡本內・蘇維濃（新世界）
卡本內・蘇維濃（舊世界）
內比歐露
希拉茲
希哈
山吉歐維榭
金芬黛
田帕尼優
卡利濃
馬爾貝克
格那希
卡本內・弗朗
皮諾塔吉
貝利A麝香
梅洛
卡門內里
黑皮諾（新世界）
黑皮諾（舊世界）
仙梭
加美

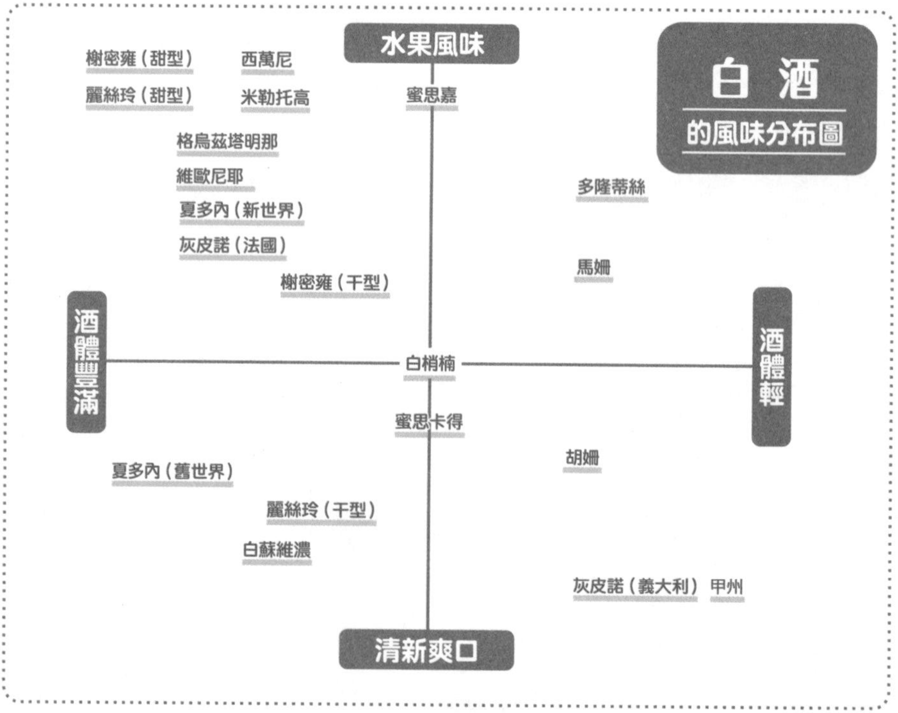
白 酒
的風味分布圖
水果風味
清新爽口
酒體豐滿
酒體輕
榭密雍（甜型）
西萬尼
麗絲玲（甜型）
米勒托高
蜜思嘉
格烏茲塔明那
維歐尼耶
多隆蒂絲
夏多內（新世界）
灰皮諾（法國）
馬姍
榭密雍（干型）
白梢楠
蜜思卡得
胡姍
夏多內（舊世界）
麗絲玲（干型）
白蘇維濃
灰皮諾（義大利）
甲州

原來了解葡萄酒這麼簡單

序章

Prologue

門打——開
歡迎光臨—
哇！種類還真多～
排得滿滿的
今天晚上的一人一菜派對，我來準備下酒菜，你去買葡萄酒來!!不用太貴，但要買好喝的唷。
大學時代的朋友
唉——……
拒絕不掉，最後只好答應……
而且還說要要到他家去
還叫我買好喝的，可是葡萄酒味道不都一樣嗎？
真麻煩……管他的，隨便啦……
東張西望
那就這瓶了。
上面還貼著「店家推薦」
店家推薦！
先生，您好。

這是今天剛進貨的紅酒，現在可以試喝。
您要不要試喝看看？價格也很親民哦。
……那我就不客氣了……
喔……
葡萄酒杯……
請用—
咕嚕
好不好喝我也搞不太清楚。
味道如何？
好像……滿好喝的……那就請妳
這支……
給我
暈眩啊……
不支倒地……
呵呵……

嗯……
咦……
啊！
驚
醒！
睡過頭了！要遲到了！
東張西望
……？奇怪……
啊！您醒啦？
……是剛才的店員小姐。
早安
您睡得很熟哦。
咦!?對、對不起！
……請問，這裡是……
沒關係，不要緊哦。
這裡是本店開設的葡萄酒學園。
是說，外面這麼亮，難道已經是早上了!?我、我要回去了！
造成你們的困擾，真是不好意思！
啊！您不用這麼急著走嘛！
慌張
這下大遲到了……
反正……
轉動

噹——噹
噹——噹
噹——噹
您暫時也回不去。
這、這裡是學校……？
啊！一定是妳在那杯試喝的葡萄酒裡摻了什麼吧!?
我被綁架了嗎!? 我沒說錯吧!?
喧鬧
不休
不是！你誤會了！
我為我用了不當的手段向你道歉……！但這也是因為我有不得已的苦衷……
綁架人還能有什麼苦衷？
不爽
彈指
一陣煙霧
嗚哇啊啊啊啊!?
現在……葡萄酒仙界已步上衰退一途……希望你能來拯救我們……
嘎？葡萄酒仙界？
妳在說些什麼!?

正如你所看到的……這裡並非人間。
有這種事!?
噹—噹噹—噹
這個世界是用來製作葡萄酒的葡萄，化身人類之姿居住的地方……
剛才的那些學生，其實都是「葡萄」。
什麼!?
這個世界自古以來就是靠著「人類對葡萄酒所注入的愛」而得以運作的，
過去
愛情
精力充沛!!
最近
寥寥無幾……
無精打采
但那種力量每年都不斷在減弱。
……雖然聽不太懂……不過，如果那種力量完全消失的話，會發生什麼事？
跟不上她的話題……
我們就會一直衰退到滅亡為止。
……!怎麼會這樣……
為了要避免滅亡……身為葡萄酒仙界一員的我，才會化身成店鋪裡的店員，努力推廣葡萄酒……

求求你！
求求你多了解一些
關於葡萄酒的事，
然後多喜歡葡萄酒一些，好嗎？
就當作是在拯救
這個世界……！
……！
嗯……好吧！
既然是這樣的話……
你願意啊？太好了！
那我們就趕快開始上課吧！
變
身
妳也變得
太快了！
……那就
等下次吧……
因為我得
先回去上班……
我先走了
待在這個世界的時候，
時間是不會前進的，
所以你不用擔心！
……他走出去了。
不過，在他徹底
理解葡萄酒之前，
是走不出
這個世界的……
沙沙
沙沙
呼
呼
奇……
奇怪了……
這裡
到底是哪裡!?

唉呀！幸好你平安無事
那我們
開始上課吧！
削瘦……
遇難長達三天。
是……

第1章

葡萄酒的基礎

Le début du vin

美味度

goût

從「小孩式的美味」入門，以「大人式的美味」為目標。

葡萄酒的「美味度」會隨著舌頭經驗值的不同而改變。
小孩舌頭
大人舌頭
某平價葡萄酒
味道像果汁，好好喝!!
味道像果汁，好像缺了點什麼……
某有年分的高級葡萄酒
味道複雜到搞不清楚好不好喝。
味道複雜得棒呆了!!
葡萄酒的美味與否因人而異。
所以，請找出自己覺得「好好喝!!」的葡萄酒。

葡萄酒是為享受而喝的。

正因如此，「美味」與「不美味」的標準，也大受個人喜好左右。

不過，若要替葡萄酒的「美味」下一個定義的話，那就是「味道和諧的葡萄酒」。

換言之，就是不能有像是酸味太強、甜度太甜、水果味太重的那個「太」字。也就是每種味道都不會特別突出或特別缺乏的葡萄酒。

所以，即使是一個品嘗葡萄酒時，對自己的味覺沒自信的人，只要喝的時候覺得味道自然、和諧，沒有「酸死了」或「甜死了」之類的感覺，你就可以說「這個葡萄酒很美味」了。

但同樣是「美味」，在「美味」之中也是有階段之分的。而這件事似乎為品味葡萄酒的人，增添了一分緊張感。

味覺是會隨著年齡增長而不斷改變的。比方說，應該有很多人在小學時會滿足於漢堡排、焗通心粉這一類「易懂的美食」，但長大之後卻開始喜歡像是鮟鱇魚肝、醃鯖魚、醋漬物等「不易懂的美食」。

葡萄酒同樣也可以分成「易懂的美味葡萄酒」和「不易懂的美味葡萄酒」。

「易懂的美味葡萄酒」就是，感覺上連小孩子也喝得出來它的美味（但不能真的給小孩子喝），換言之，就是喝起來像果汁，或有點甜的葡萄酒，一般而言「易懂的美味葡萄酒」通常是平價的。

反之，舌頭沒有累積到一定程度的經驗值，就無法理解的「不易懂的美味葡萄酒」，則往往會被歸類為高級葡萄酒。也就是說，這種葡萄酒讓剛入門的人來喝，也喝不出美味在哪裡，形同浪費。此時就會變得像筆者二十歲那時，還搞不清楚狀況就喝到【拉塔希園】時一樣。

換句話說，還沒喝習慣葡萄酒的人，通常會覺得像果汁一樣、帶一點甜的「易懂的美味葡萄酒」是好喝的。

如果接下來喝了愈來愈多葡萄酒，這個人對葡萄酒的偏好就會逐漸改變，開始覺得味道更加複雜而細膩的葡萄酒，才是好喝的（當然，我想這世上應該也有人擁有天才型的舌頭，從一開始就對不易懂的葡萄酒感到「好喝」）。

有時候，會聽到一些人大言不慚地說，鼎鼎大名的高級香檳【香檳王】（Dom Pérignon）不好喝。絕對沒有這回事，香檳王當然好喝。通常一瓶酒只要被叫做「香檳」，就幾乎可以確定它一定是好喝的。

因為，一瓶酒可是得經過嚴謹細心的釀製，並通過香檳的管理人共同訂下的嚴格標準，才能冠上「香檳」這個頭銜。

即使如此，還是堅持要說「香檳王的味道根本沒什麼了不起」的人，恐怕就是那種「偏好如果汁一般的美味」的人吧。

當然，正如前面所言，葡萄酒是為享受而喝的，所以對美味的感受會因人而異。然而，舌頭的經驗值還是會影響我們對美味的感受。所以一開始可以從像果汁般美味且便宜的葡萄酒喝起，不必刻意去買昂貴的葡萄酒。當你開始感到「像果汁般美味」的葡萄酒，已經不能滿足你時，再開始尋找「不易懂的美味葡萄酒」也不遲。

不過，筆者雖然因為工作所需，喝過各式各樣的葡萄酒，但每隔一陣子就會想喝一下「像果汁般好喝」的葡萄酒。也就是說，筆者認為葡萄酒的「美味」沒有優劣之分，只要是好喝的，就來者不拒。

Point 味覺是隨著「經驗」而非「喜好」改變。

葡萄酒的基本款

élémentaire

喝喝看四種「基本款」。

葡萄酒「入門」的最基本——

不用說，那當然是法國葡萄酒的「波爾多紅酒」和「勃艮第紅酒」。

「波爾多」和「勃艮第」這兩個名稱，既不像日本的「月桂冠」或「SUPER DRY」是商品名稱，也不是名叫波爾多的人或勃艮第酒廠所釀製的葡萄酒，而是指法國的某個「地方」。

這種概念就像是在說日本的東北地方、近畿地方等。

因為名稱所指的是一個很大範圍的區域，想當然耳，同樣是「波爾多」或「勃艮第」，在價格與品質上也會有高低之差。

但這兩種酒，可說是所有葡萄酒的基準，所以也不用想太多，只要先讓你的舌頭記住這兩種酒之間的差異即可。

同樣是紅酒，波爾多的味道相當厚實，勃艮第的味道則是十分輕盈，除非是等到酩酊大醉的時候才來喝，不然應該都感覺得出明顯不同。

這是喝葡萄酒的超基本款。當有人煩惱著「嗯……接下來要喝波爾多還是勃艮第呢？」就代表著這個人是「十分認真地在為葡萄酒而傷腦筋」。對於過去只會在紅酒和白酒之間，猶豫喝哪一種好的人來說，能開始在波爾多和勃艮第之間煩惱的話，就可說是一種長足的進步。

順帶一提，波爾多葡萄酒的特徵是單寧（=粗澀味）強勁。喝下波爾多葡萄酒後，請試著說說看「單寧真強勁哪」這句話。不懂葡萄酒的人看到這一幕，可能會感佩地想說：「這個人一定是葡萄酒通。」但懂葡萄酒的人看到，或許會疑惑地想：「這個人為何要說這麼理所當然的話？」

無論如何，筆者認為，試著將剛學到的葡萄酒用語，很有研究似地說出口，是使自己情緒高漲的好方法。

知道了紅酒兩大基本款的味道後，接下來就來喝喝看白酒的兩大基本款。

想要有了解白酒的感覺，首先必須先「正確地」知道「干型」和「甜型」的不同。

之所以這麼說是因為，有些人會因過去不小心喝到「甜死人的白酒」，就認定說「我喜歡的是干型白酒」；有些人會因正好喝到「酸死人的白酒」，而以為「白酒就是要喝甜型的」。

這時，請先選擇干型的「勃艮第白酒」和微甜型的「麗絲玲」，比較不會出錯。

選任何一種「勃艮第白酒」都可以，而夏布利是其中超級有名的一款酒。

只要是賣葡萄酒的地方，多半都有賣夏布利。

夏布利因為變得太過知名而大量生產，所以味道也是良莠不齊……但夏布利依舊是最能幫助大家了解「干型白酒」的葡萄酒。各位不會很想試著說說看「Chablis（夏布利）！」嗎？這奇妙的發音，說不定也是夏布利之所以這麼紅的原因。

順帶一提，夏布利是指在勃艮第區域的夏布利地區，製造出的葡萄酒。如果硬要以日本打比方的話，這大概就像是「在東京都的世田谷區製造出的葡萄酒」。

再來是甜型的「麗絲玲」。

「麗絲玲」並非地名，而是葡萄的品種名稱，在賣葡萄酒的店家裡，只要說「請給我甜型的麗絲玲」（麗絲玲甜白酒／甜白酒Riesling），店家多半都會拿出「法國阿爾薩斯」（Alsace）或「德國」的白酒。

請邊喝邊比較前述兩種不同型的酒。同樣是美味的白酒，干型和甜型的感覺就是不一樣吧？

干型的好喝會讓人想說：「讚！」甜型的好喝則是讓人想說：「好喝捏～」咦？你喝起來完全沒有這種感覺嗎？說得也是，因為每個人的味覺或多或少都有差。

不管如何，等你了解這兩種不同口味後，就可以用以下方式詢問店員：「跟夏布利相比，這款干型酒喝起來如何？」「跟麗絲玲相比，這款甜型酒喝起來如何？」至少會讓店員想說：「這個人知道自己對葡萄酒有什麼樣的偏好呢。」

順帶一提，「酒精濃度11％以下」的葡萄酒，有相當高的機率是屬於「甜型」。因為葡萄酒就是讓糖分發酵變成酒精，所以酒精濃度越低，就代表殘留在葡萄酒裡的糖分越高。

Point 了解味道「相當不同」

台幣五百多元就能買到!!
舉出幾款「易掌握味道特徵」的葡萄酒
波爾多紅酒
"蒙佩哈酒堡（名稱）"
波爾多的瓶身是高肩。
勃艮第紅酒
"拉伯大道酒莊（名稱）
勃艮第（產地）
黑皮諾（品種）"
勃艮第的瓶身是斜肩。
勃艮第白酒
"拉伯大道酒莊（名稱）
夏布利（產地）"
勃艮第的瓶身是斜肩。
麗絲玲
"阿爾薩斯（產地）
賀加爾酒莊（名稱）
麗絲玲（品種）"
阿爾薩斯的瓶身是纖長細瘦。

葡萄酒都會像這樣
分別標示出「名稱」「產地」「品種」。
只要知道其中的「產地」和「品種」，
想像得出大概是什麼樣的味道。

主要品種

principales variétés

喝喝看六種「品種」。

和蘋果、草莓等水果一樣，
葡萄酒用的葡萄也有分品種，
卡本內．蘇維濃
梅洛
夏多內
麗絲玲
每個品種都有其個性。
紅酒的卡本內．蘇維濃品種，
會釀製出帶有經典味的厚重葡萄酒，
感覺就像是一名可靠的資優生。
白酒的夏多內品種，
會配合產地、釀製者改變個性，
和藹可親，是大家的偶像。
一邊想像品種的特徵，
一邊品嘗葡萄酒，
這個個性
有點難搞。
這個
很活潑。
有助於找出自己喜歡的品種！

「品種」決定葡萄酒的一切。

就像草莓有「女峰草莓」「栃乙女草莓」，蘋果有「富士蘋果」「紅玉蘋果」一樣，葡萄酒所使用的葡萄也有品種之分，葡萄酒的味道絕大部分都是取決於「品種」。

當然，葡萄的產地在哪兒、釀酒廠是哪一家、釀造者是誰、製造年分為何時、對葡萄的挑選有多仔細等各式各樣的條件，也會造成味道上的不同，但若先不談嚴格的「美味不美味」的判斷，那麼味道的基本要素都是由「品種」決定的。

所以，了解葡萄酒的捷徑，就是「大略掌握」品種在味道上的特徵。

這件事其實沒有那麼困難。

這是因為，全球的品種雖然據說有數千種之多，但最頂級的主要品種，只有以下六種而已。

首先是紅葡萄的卡本內・蘇維濃。

明星登場！就像是一個受到全球喜愛的釀酒用葡萄界主角般的存在。若是生於波爾多，甚至有可能變成超高級的神級葡萄酒，是一名身強體健的資優生。

接著是黑皮諾。

這是勃艮第區域最重要的品種。對土地極度挑剔的冷豔女王。偉大的【羅曼尼・康帝】（Domaine de la Romanée Conti）也來自黑皮諾。其高貴而複雜的味道，簡直就是深深地打動我們紅酒通的心！

然後是梅洛。

波爾多區域的重要角色，與卡本內．蘇維濃共同成為波爾多區域的兩大品種。雖具有水果味，單寧卻偏少。帶有醇厚而溫潤的馥郁感，是一位美麗的女性。雖然是一名女性，卻有著「腐葉土的香氣」，這點實在太犯規了……

再來是白葡萄的夏多內。

沒錯，我當然愛死她了。她是受到全球愛戴的超級偶像。自由自在地變幻成夏布利、香檳、加州白葡萄酒，就像是一塊純白的畫布，能讓當地的風土在她身上盡情地揮灑色彩。讓我也為妳上色吧！

還有麗絲玲。

最後是白蘇維濃。

啊，惹人憐愛的麗絲玲……由貴腐酒、冰酒等各種「高級甜白酒」所建立起的金字塔階級，就是以這款甜白酒的品種為首。正因她原本就帶有酸味，才能成為不會過甜的美味甜酒，真是傲嬌到了極點哪。

哈～青草與花草的香氣在口中大大綻放的「清爽感」，清新爽口的白酒代表選手。青澀！太青澀了！啊，真想就這樣和妳一起變成青色的蔥哪。

……哈哈，不好意思，我有點失態了。因為一想到這六個超人氣角色的品種齊聚一堂的畫面，就會讓我興奮得不能自已。

只要記住這六個品種的味道，應該就能很快地找到自己偏好的葡萄酒了。

舉例來說，你可以這樣做：

如果是紅酒，首先選擇卡本內．蘇維濃品種所釀成的葡萄酒，試著品嘗並用舌頭記憶它的味道。因為卡本內．蘇維濃這個品種，可說是紅酒味道的最典型標準。應該有許多人一想到「基本款的紅酒味道」時，都會想起卡本內．蘇維濃的味道。

這時，請你回憶一下卡本內．蘇維濃的味道，當你想起好像比較重（比較濃）的感覺時，接著就試著品嘗用黑皮諾品種釀製的葡萄酒。

如果你喜歡卡本內．蘇維濃的濃厚味道，又覺得「想喝喝看同系列但不同版本的酒款」，那麼下次你就可以喝梅洛品種所釀成的葡萄酒。

如此一來，你已經大致能掌握自己對紅酒的偏好了。

如果是白酒，首先選擇夏多內品種所釀成的葡萄酒，試著品嘗並用舌頭記憶它的味道。

夏多內就像是白酒界的卡本內．蘇維濃，一提到「基本款的白酒味道」時，我們就會聯想到夏多內的味道。

試著在腦中回想夏多內，此時如果你「希望水果味能再多一點」的話，可以試著品嘗麗絲玲品種所釀成的葡萄酒。

反之，如果你「希望能再清新爽口一點」的話，那就請你喝喝看白蘇維濃品種釀成的葡萄酒。

此時，就連白酒的偏好，也已被你大致掌握了。

將這種以紅酒的卡本內．蘇維濃、白酒的夏多內，作為起點的六個品種的相對位置，好好地記在腦中，你就能根據當時的心情，或搭配食物，大略選擇出適合的葡萄酒了。

這六個品種中，或許也有你曾經喝過幾次的品種。

但你過去飲用時，若不曾好好注意該品種的特徵，請你再試著品嘗一次。

舌頭是一種奇妙的人體器官，當我們飲用時，如果將注意力放在品種的特徵上，我們的舌頭就會去搜尋那種味道。而我們的舌頭一旦捕捉到那種味道，並將此味覺輸入大腦後，從此就很難將其遺忘。請各位務必嘗試看看。

Point 在兩種選擇之下，還有著無限多種選擇。

喝過夏多內之後……
想要多一點水果味。
再清新爽口一點比較好。
麗絲玲
白蘇維濃
喝過卡本內・蘇維濃之後……
我喜歡!!
好像太厚重了一點……
梅洛
黑皮諾

單一品種與混釀

simple et mélangés

從「單一品種」開始喝喝看。

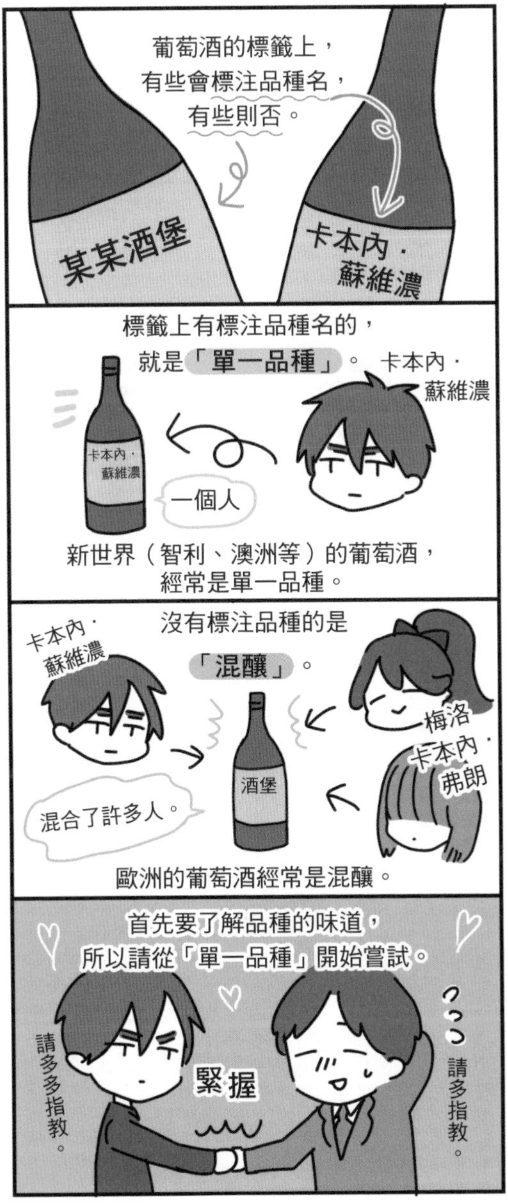

葡萄酒的標籤上，
有些會標注品種名，
有些則否。
某某酒堡
卡本內·蘇維濃
標籤上有標注品種名的，
就是「單一品種」。
卡本內·蘇維濃
卡本內·蘇維濃
一個人
新世界（智利、澳洲等）的葡萄酒，
經常是單一品種。
沒有標注品種的是
「混釀」。
卡本內·蘇維濃
梅洛
卡本內·弗朗
酒堡
混合了許多人。
歐洲的葡萄酒經常是混釀。
首先要了解品種的味道，
所以請從「單一品種」開始嘗試。
請多多指教。
緊握
請多指教。

只要獲得「六個品種」的地圖，你就能展開葡萄酒世界的冒險了。

因為市面上多數的葡萄酒，都是使用這六個品種的其中一種，就算真的遇到不知道的品種，也只要詢問店員：「比較接近（六個品種中的）哪種味道？」就能找到自己比較偏好的葡萄酒。

這麼一來，應該可以讓大家卸下心中的一塊大石了吧？

如果你是每當對方詢問：「請問您需要哪一種葡萄酒？」就全身僵直地板著臉回答：「我還是喝啤酒就好了。」那麼對你而言，這應該是非常大的進步吧？對自稱為「為平民服務的平民侍酒師」的筆者來說，能為這樣的讀者帶來幫助，是我至高無上的喜悅。

然而，事情並沒有這麼簡單。如果真的這麼簡單的話，世上就不需要侍酒師這項職業了。葡萄酒是一門有相當難度的學問，這令筆者感到十分慶幸。

之所以這麼說，是因為當你實際去買葡萄酒時，就會發現一個大問題——

「不知道用了什麼品種」

——這樣的葡萄酒，市面上比比皆是。

當然也會看到某些葡萄酒，在本身的標籤或店內的標示上，明明白白地寫著：「夏多內！」「卡本內．蘇維濃！」但另一方面，卻又有占了相當大的比例的葡萄酒，是品種成謎的。

尤其，當葡萄酒的品種為「混釀」時，大多數都不會在標籤上寫出品種名。

而且，當品種混合在一起時，若非經驗老道之人，是很難在口中辨別出哪種品種是哪種味道。筆者也經常在喝了好幾口葡萄酒，舌頭逐漸麻痺後，歪著頭困惑不已地想：「你到底是誰？」

所以，喝「混釀」的葡萄酒時，感覺上不是為了「捕捉特定品種的味道」，而是在享受由國家、地域所帶來的味道差異。

相反地，明確標注品種的葡萄酒，則稱之為「單一品種」（順帶一提，英文也稱為「Varietal wine」）。

這種葡萄酒大多使用的品種都只限於一種，若是「單一品種」的話，假設使用的品種是夏多內，則標籤上就會清楚明白地寫上【○○○○夏多內！】

因此，當你「想捕捉某個品種的味道」時，只要選擇有標明其品種名稱的「單一品種」葡萄酒即可。

在販賣葡萄酒的商店裡，既有單一品種的葡萄酒，也有混釀的葡萄酒，不過從生產「國家」就可大致看出以何者為主流。

葡萄酒的產地可簡單區分為兩大區域，一邊是葡萄酒歷史悠久的地區，稱為「舊世界」（主要包括法國、義大利、西班牙、德國），另一邊是葡萄酒的歷史尚淺的地區，稱為「新世界」（主要包括美國、智利、澳洲、日本等國）。「舊世界」的葡萄酒，一般而言以「混釀」為主流；「新世界」的葡萄酒則是以「單一品種」為主流。

雖然有許多例外，但只要粗略記得「歐洲是混釀」「其他國家是單一品種」即可。

請實際至店家確認看看。比方說，若是加州葡萄酒，看標籤就會發現，大部分都會在某個地方寫著品種名；相對地，若是法國葡萄酒，則光是看標籤，通常也無法得知使用了什麼品種。

所以，舊世界比較難懂，新世界比較簡單易懂。

新世界的智利葡萄酒，被公認為「適合初學者」的葡萄酒，其中一項原因應該就是「多數都是味道明確易懂的『單一品種』葡萄酒」。

所以，首先要做的就是，一邊從各式各樣的葡萄酒中，選出「新世界」的「單一品種」葡萄酒來品嘗，一邊記住每個品種的味道。

其中的差異是能明確辨認出來的，因此各位一定能在這樣的嘗試過程中，愈來愈能感受到選擇葡萄酒及品嘗葡萄酒的樂趣。

喝慣了單一品種之後，當然也會想試試混釀的葡萄酒。

但筆者認為，還是要等到能夠理解單一品種所有細節之後，我們才有辦法體會混釀的真正魅力。

這是筆者從電玩遊戲《怪物農場》（Monster Farm）所得到的一項重大啟發。

Point 了解單一品種後，再嘗試混釀。

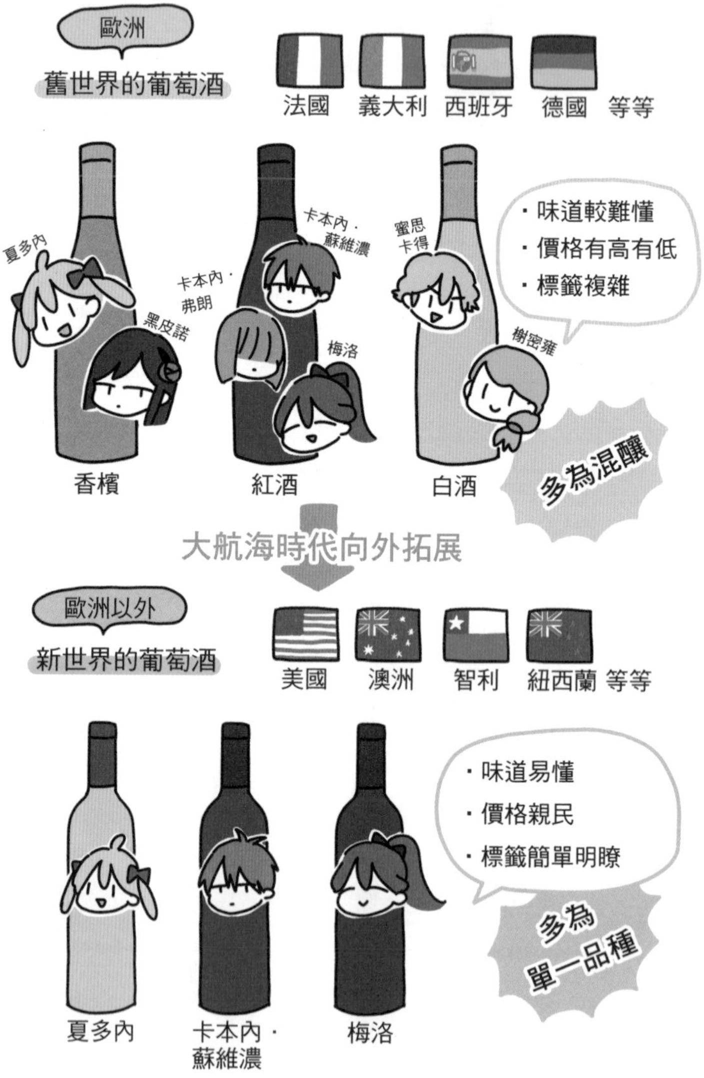
歐洲
舊世界的葡萄酒
法國 義大利 西班牙 德國 等等
夏多內
黑皮諾
卡本內·蘇維濃
卡本內·弗朗
梅洛
蜜思卡得
榭密雍
・味道較難懂
・價格有高有低
・標籤複雜
香檳
紅酒
白酒
多為混釀
大航海時代向外拓展
歐洲以外
新世界的葡萄酒
美國 澳洲 智利 紐西蘭 等等
・味道易懂
・價格親民
・標籤簡單明瞭
多為單一品種
夏多內
卡本內·蘇維濃
梅洛

瓶身標籤

étiquette de vin

新世界看「品種」，舊世界看「產地」。

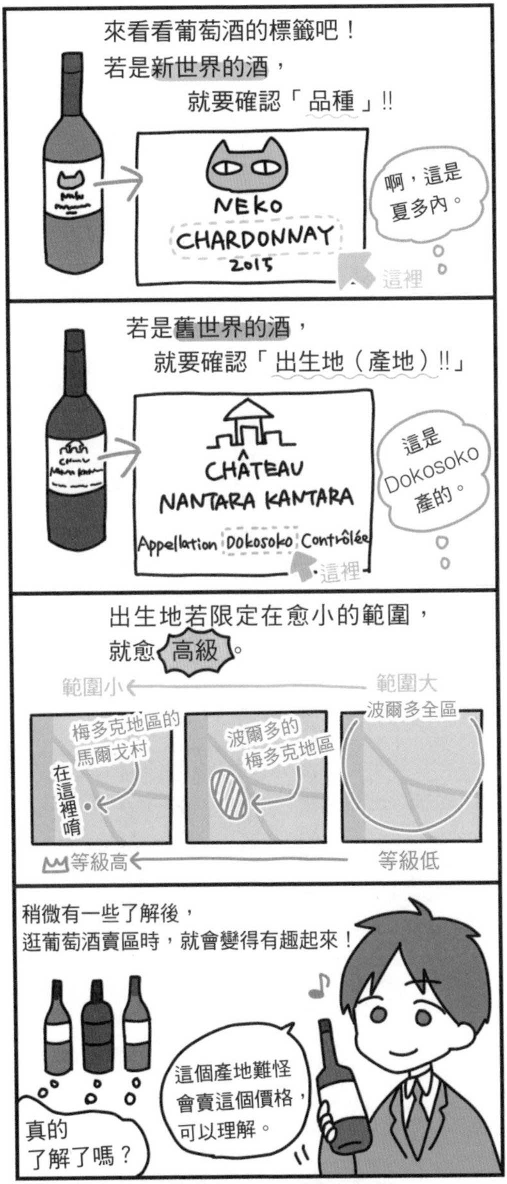
來看看葡萄酒的標籤吧！
若是新世界的酒，
就要確認「品種」!!
NEKO
CHARDONNAY
2015
啊，這是夏多內。
這裡
若是舊世界的酒，
就要確認「出生地（產地）!!」
CHÂTEAU
NANTARA KANTARA
Appellation Dokosoko Contrôlée
這是Dokosoko產的。
這裡
出生地若限定在愈小的範圍，
就愈高級。
範圍小
範圍大
梅多克地區的馬爾戈村
在這裡唷
波爾多的梅多克地區
波爾多全區
等級高
等級低
稍微有一些了解後，
逛葡萄酒賣區時，就會變得有趣起來！
這個產地難怪會賣這個價格，可以理解。
真的了解了嗎？

※上面的記載文字只是法國葡萄酒的其中一個例子。

※名稱是虛構的。

有時會遇到客人問我：「侍酒師只要看酒瓶上貼的標籤，就能知道那瓶葡萄酒好不好嗎？」

直接講結論的話就是——其實侍酒師「有些看得出來，有些看不出來」。

「身為專業人士，當然知道！」——為何筆者不在這時候帶著些許歇斯底里，一口咬定地這麼說呢？這是因為很遺憾地，葡萄酒標籤上的資訊，其實還滿馬虎的。

而以一般的狀況來說，舊世界（歐洲）葡萄酒的標籤寫得很難懂，新世界（歐洲以外）葡萄酒的標籤則是簡單易懂。

來到葡萄酒賣區挑選葡萄酒時，請記住這項特徵。

一排排的葡萄酒密密麻麻地排在眼前。

首先，請從智利、加州、澳洲等新世界的葡萄酒開始看起。

正如前面的說明，新世界的葡萄酒大部分都是「單一品種」。由於多數都是「在標籤上有確實載明品種名」，因此可以透過看品種名來選擇自己喜歡的味道，十分簡單。

而一般來說，紅酒的話，只要選擇使用卡本內．蘇維濃或梅洛的酒款；白酒的話，只要選擇使用夏多內或白蘇維濃的酒款，就能找到「易懂又美味」的葡萄酒，而不會踩到地雷。

另外，通常以愈高的價格購買，買到「易懂又美味」的葡萄酒機率就會愈高。

以上就是入門者需要知道的事。

接下來要談的是，比新世界稍微複雜一些的舊世界的葡萄酒。

舊世界葡萄酒的「產地」比「品種」重要，而且他們還有如同棒球的一軍、二軍、三軍的分級制度，用來區分「等級較高或較低」。

其中最具代表性的是，法國葡萄酒的「AOC」分級制度。

是的，出現看起來很難懂的英文縮寫了。

「英文縮寫我頂多只知道NHK、JAL（日本航空）、VIP而已啦！」如果你是這樣的人，是不是一看到AOC就開始產生抗拒反應了呢？

但事實上，根本沒那麼困難。

AOC是用來顯示這種酒「符合哪一種土地條件」的證明書，若顯示出的土地區域愈狹小，一般來說品質和價格就愈高。

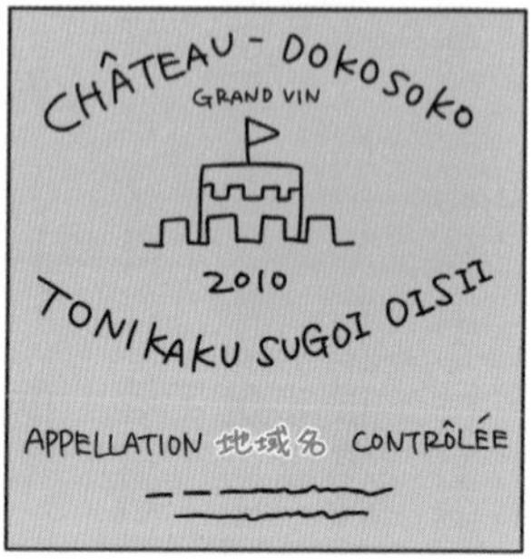

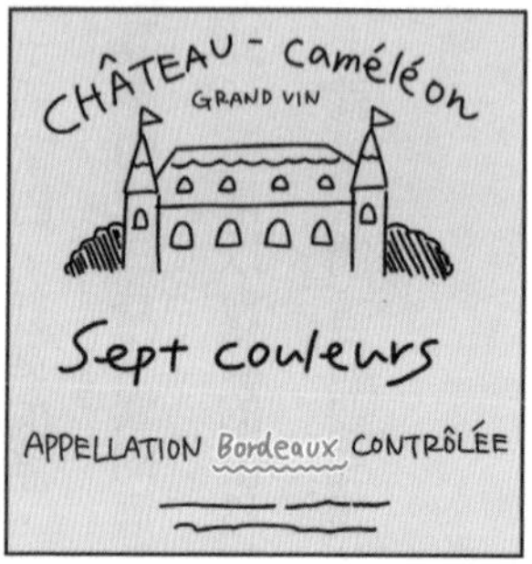

舉例如下：

Appellation d'Origine Contrôlée

這是AOC的全名，而在「O」的「d'Origine」之處，會被置入地方名稱。

比方說，如果是——

Appellation Bordeaux Contrôlée

就是指這款葡萄酒是，將整個波爾多（Bordeaux）地方所栽培的葡萄，收集來使用。

再者，如果是——

Appellation Médoc Contrôlée

就是指這款葡萄酒所使用的是，範圍限定於波爾多區域上的梅多克（Médoc）地區所生產的葡萄，因此比前一款高級。

更進一步，如果是——

Appellation Margaux Contrôlée

就是指這款葡萄酒所使用的是，範圍限定於波爾多區域上的、梅多克（Médoc）地區的、其中一處馬爾戈（Margaux）村所生產的葡萄，因此又更高級。

如果硬要用日本人比較簡單易懂的方式來打比方的話，那就是——

比起「Appellation 關東區域 Contrôlée」，

「Appellation 東京都 Contrôlée」更高級；

而「Appellation 中央區 Contrôlée」又比前者更高級；

「Appellation 銀座 Contrôlée」又再比前者更高級。

這種「地方的範圍限定得愈小，則愈高級」的想法，是看標籤分辨法國葡萄酒價值的基本方式（後面將會介紹哪些地方是範圍小而高級的）。

順帶一提，由於歐盟制定了新的規定，使得「AOC」開始慢慢改成「AOP」（Appellation d'origine protégée），現在AOC與AOP兩者同時存在，但基本的概念是相同的。

只要像這樣對法國葡萄酒的標籤，能大致做出分辨的話，自然也能逐漸看懂其他舊世界的葡萄酒。

不過，要先提醒各位的是，標籤上的記載是沒有一定規範的。

有些葡萄酒「Appellation」「Contrôlée」「protégée」都沒有寫，只有標注地區名；還有很高的機率可能會出現，標籤上完全找不到品種名和地區名的葡萄酒，這時就會很想問：「你是何方神聖？」

遇見這種葡萄酒時，該如何是好？

當你遇見這種葡萄酒時，請看商店裡的標示，或詢問店裡的人（逃）。

再不然，看到這種葡萄酒時，置之不理也是一個辦法。

若非「這款葡萄酒特別有名」或「某個人向我推薦過」的話，筆者也幾乎不會去買那種「你是何方神聖？」的葡萄酒。

如果買了的話，或許是出於對於未知的好奇？再不然，因為標籤上資訊不足的葡萄酒，標籤常常都設計得美美的，所以或許可以「為瓶身而買」，然後再和同樣喜歡美麗事物的朋友，分享這種喜悅。

再者，標籤上有時也會寫著「Grand vin de 什麼什麼」，這只是廣告標語而已，無須太在意。比方說，Grand vin de Bordeaux的意思是「波爾多區域偉大的葡萄酒」，但自賣自誇地說自己偉大，恐怕也無法證明什麼吧。

此外，在日本經常能看到葡萄酒瓶的背面以日文寫著「Full-Bodied」（酒體豐滿）、「Medium-Bodied」（酒體中等）或「Light-Bodied」（酒體輕盈），這是由「水果味」「粗澀味」和「酒精濃度」三者合計出來的強度。

其中三者中有二到三者強度強的話，就屬於酒體豐滿；三者皆弱的話，就是酒體輕盈；至於酒體中等的通常給人的印象是「只有一個出奇地強，其他兩者都很弱」。簡言之，這就像是「可爾必思的濃縮原汁是濃是淡」的差別。

即使那種酒體感讓你的舌頭感到很對味，也不會有人開玩笑地說「Nice Body」，或像個中年大叔一樣改成說「Body感」，這點請多加注意。

Point 只要好像有點懂就夠了。

新世界葡萄酒的標籤

較簡單而易懂。

舊世界葡萄酒的標籤

沒有一種統一的形式，很難懂！

偶爾買買看貴一點的葡萄酒。

能種出美味葡萄的土地
十分有限。
向陽
傾斜
高度
河川經過
只有這麼小小一處！
而且為了使葡萄美味，
必須減少一顆樹上結成的葡萄……
CUT
CUT
美味度才會
集中在每一顆葡萄中!!
美味凝聚!!
葡萄酒若是透過這些步驟製造出來，
就無法大量生產，
價格自然也會提高。
一瓶262元
一瓶2620元

※順帶一提，一瓶分的葡萄酒，
大約需要使用11公斤的葡萄來釀製。

如何判斷一瓶第一次買到的葡萄酒，究竟好不好喝？

關於這個問題，並沒有絕對的答案，只能告訴大家機率的高低而已。

「買到美味葡萄酒的機率」，說穿了就只是和價格成正比。

重點在於，雖說與價格成正比，但並非「價格愈往上，美味度就會愈提高」，而是**價格愈高，踩中地雷的機率就愈低。**

這是因為一般而言，愈便宜的葡萄酒，愈會為了壓低成本，而透過摻入許多添加物或劣質的葡萄，大量生產；相反地，愈昂貴的葡萄酒，愈會使用優質產地的葡萄，甚至進一步耗費工夫，揀選出好葡萄。

既便宜又美味的葡萄酒是存在的，但昂貴的葡萄酒，大多都很美味。

那麼，到底要花多少錢，味道才會有差別呢？以下筆者就試著提出一個粗略的價格排行榜，「只要在同一個價格帶，機率就大致相同」。

- **未滿三百元　物美價廉的葡萄酒**
- **三百～五百多元　日常葡萄酒**

．五百多～一千多元　有點奢侈的葡萄酒

．一千多元以上　高級葡萄酒

．七千多元以上　超高級葡萄酒（大多是一級以上）

如果是未滿三百元的葡萄酒，那最好還是不要抱著過度的期待。在極少數的情況下，有可能在葡萄酒生產新興國的葡萄酒中，像是「新世界中的新世界」的南加州葡萄酒，發現意外的珍品，但一般來說美味的葡萄酒還是很少。不過，依然有人能滿足於這樣的葡萄酒。

三百～五百多元的日常葡萄酒，則是「美不美味要看種類」。筆者自己喝的葡萄酒絕大部分都是在這個價格帶。不過，雖說有美味的葡萄酒，但那些通常都只是「易懂的美味」，例如帶有明顯的水果味，或者喝起來清新爽口。所以這個區間的葡萄酒，產地都集中在新世界。相反地，若是要喝波爾多或勃艮第這類，以複雜的味道為魅力所在的葡萄酒，則不推薦在這個價格帶中挑選。

來到五百多～一千多元的有點奢侈的葡萄酒時，就有可能遇到「難懂的美味」的葡萄酒了。這種酒的美味複雜而細膩，無須仰賴水果味。若是新世界的葡萄酒，則幾乎不會買到不好喝的。若是舊世界，尤其是法國葡萄酒的話，價格至少要到七百多元左右，否則經常會踩到地雷。

一千多元以上的高級葡萄酒，就幾乎沒有地雷。對入門者而言，雖然有些味道好懂，有些味道難懂，但都是美味的葡萄酒。若想用葡萄酒來犒賞自己一下，但又對自己的味覺沒什麼自信的人，不妨選擇「易懂的美味」的智利【阿瑪維瓦】（Almaviva）、或加州的【作品一號】（Opus One）。

若是七千多元以上的超高級葡萄酒，那就會成為一輩子的回憶了。只要你不是家財萬貫，那麼喝過這個等級的葡萄酒這件事，就可以讓你這輩子不斷拿出來跟人說。超高級葡萄酒的味道是雄偉的，甚至會帶給品嘗者一種人格受到測試的衝擊感。希望自己也能成為一個人格高尚到有能力好好品味超高級葡萄酒的人。

應該也有人是不想花大錢喝葡萄酒的。筆者過去也是如此。因為那時筆者無法感受到那些貴的葡萄酒，貴的價值在哪裡。

貴的葡萄酒之所以貴，還有一個原因是葡萄的稀有所帶來的價值。

首先，能栽種出優質葡萄的地方有限，再加上出產量原本就少。這一點是因為，那些葡萄在栽種時，必須大量進行整枝修剪。

愈是進行整枝修剪，形成美味的養分就愈能集中在每一顆葡萄上。所以葡萄的串數一定會變少，價值自然會提高。

再者，為了揀選出好的葡萄，摘葡萄等工作就需要透過人工完成，這些工作都增加額外的人事費用。有時甚至連酒瓶的成本都很高。

品牌價值高的葡萄酒，為了讓他人難以仿冒，會將酒瓶製作得特別厚，或作得比較大。年代悠久的葡萄酒，價格又更昂貴。這是因為太多人忍不住想去喝，所以就會隨著時代演進，而愈來愈成為「瀕危物種」。

以上舉出了各式各樣的原因，一言以蔽之的話，就是太多人想要喝，使得這些葡萄酒的價格變高。

所以，筆者認為，「價格高的葡萄酒，一定很好喝吧」這樣的偏見，其實有也無妨，因為實際上就是好喝。

人生中總是會有某些重要的日子，讓我們「想要醉得十分舒暢」。在這種重要的日子裡，如果因為太摳而買到地雷葡萄酒，就會壞了整個氣氛。與其如此，不如買貴一點的葡萄酒，讓那一天變得更有價值。

不過，有一點必須提醒各位，高級葡萄酒的「美味」，多半都是指「大人」的美味。舌頭等級如果還停留在小孩的狀態，那麼就算喝了高級葡萄酒，恐怕還是會覺得味道不怎麼樣。

首先，要有能力以自己專屬的標準，挑選出「易懂的美味葡萄酒」。請透過品嘗三百～五百多元的日常葡萄酒，來達成這個目標。

順帶一提，據說餐廳或酒吧提供的葡萄酒，一瓶的價格是葡萄酒專賣店的三倍。此外，還有些餐廳、酒吧是規定「一瓶酒一律加多少錢」，相較之下，若在這類店家中飲酒，就會讓人感覺點愈高級的葡萄酒愈划算。

Point 愈是經過挑選，價值愈高。

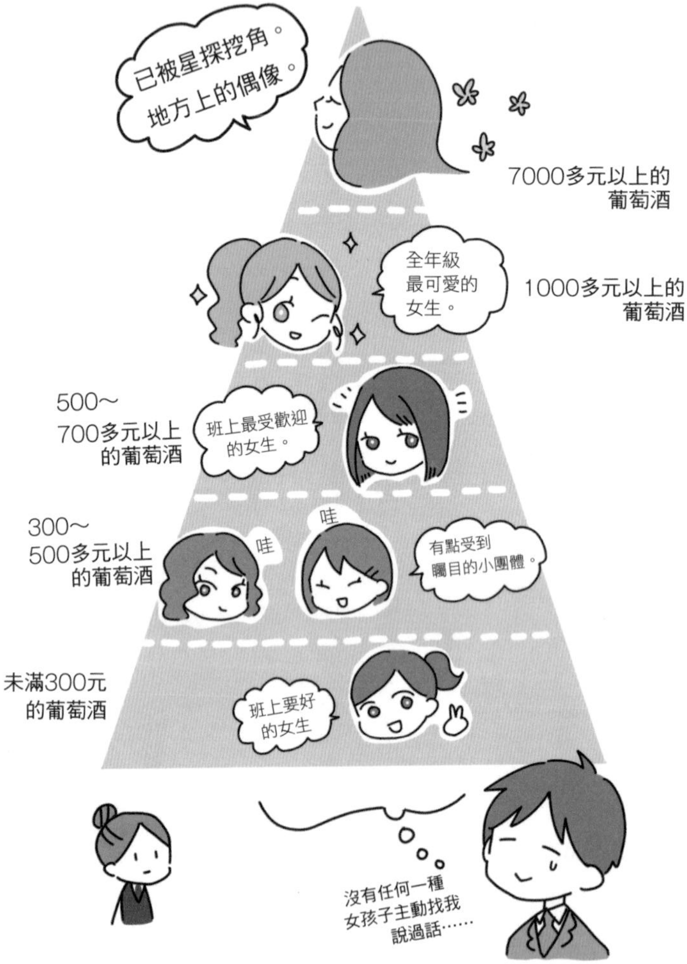

品嘗

goûter

咚咚咚地倒酒，讓液體布滿整個舌頭。

倒葡萄酒時，
要從較高的位置倒下來。
咚咚
咚咚
聲音很重要!!
大約3分之1左右
閃閃發光……
哇噻——
我的眼睛——!!!
透著光欣賞
葡萄酒的顏色。
緩緩地旋轉，
嗅聞香氣。
聞
聞
要緩緩的哦!!
旋轉旋轉
轉
轉
轉轉轉
用葡萄酒的液體將
整個舌頭包覆住。
嗯……
包住整個
舌頭!!

我們該如何將葡萄酒從葡萄酒瓶注入葡萄酒杯呢？

如果想要帥的話，倒酒時可將大拇指扣在酒瓶底部。

讓葡萄酒的液體從較高的位置落下，一邊讓酒在「咚咚咚」的聲響中與空氣接觸，一邊注入酒杯。只要控制在酒不會灑出來的高度，讓酒發出「咚咚咚」的聲音即可。

這時，便宜的葡萄酒不會有什麼特別的變化，但若是好的葡萄酒，光是從較高的位置落下時，就更容易能讓香氣與味道舒展開來。

注入酒杯時，請讓葡萄酒的量停在酒杯的大約三分之一處。千萬不要像用木盒喝日本酒一樣，把酒滿滿地注到接近杯緣，因為注滿的話，杯中就沒有空間讓香氣沉積了。

接著是品嘗。用任何方式品嘗皆可。當然也有些葡萄酒，就是要像喝啤酒一樣大口飲盡才好喝。但若是自己精挑細選的葡萄酒、價格較高的葡萄酒、珍藏的葡萄酒的話，就最好能集中注意力，細細品嘗。

此時，請先在酒注入酒杯後，觀賞外觀。

然後，只要在葡萄酒的液體中，發現帶有任何一點枯黃色、褐色、磚紅色的話，你就可以一邊面露微笑，一邊喃喃地說：「不愧是好酒。」

接下來，嗅一下香氣，並試著說：「哦，慢慢醒了。」不懂是什麼意思也沒關係，只要說出「醒了」即可。化作語言說出來，是十分重要的事。這麼做能使我們更沉浸在「自己正在品嘗葡萄酒」的氛圍裡。

要不要搖晃酒杯？要，儘管搖晃吧！但要溫柔地搖晃，不要讓酒飛濺出來。試著先搖晃一下再聞一下，然後再搖晃一下再聞一下。此時，你就會感到被封在酒瓶中的味道，有如蓓蕾般慢慢、慢慢地綻放開來（醒來）。就像是因為第一次見面而緊張扭捏的少女，一點一滴慢慢打開心房的感覺。

終於到了品嘗的時候。原則上，好的葡萄酒最好是很慢很慢地去喝。愈是沉睡多年的葡萄酒，其味道與香氣，愈會從第一次接觸到餘韻，不停地快速變換，因此若不花時間慢慢品嘗的話，就會漏掉中間的重要過程。

現在要提到味道本身了。一個對於葡萄酒的品嘗，舌頭還停留在入門階段的人，若想要挑戰高級葡萄酒，該如何品嘗？

大口飲盡的話，味道就會在轉眼間流過，所以要輕輕地、慎重地含一口酒在口中。粗澀味如何？像果醬的味道？還是像香菸味？用舌頭一一地追蹤這些味道，或許就能讓這杯酒變得比較好懂。

若要說得再深入一點，那就是當葡萄酒的液體在舌頭上擴散開後，你就可以**讓液體包覆住整個舌頭。**

感受酸甜等的五種味覺，各自分布在舌頭上的不同之處。所以，讓液體滿布整個舌頭，較容易幫助我們掌握味道上的特徵。

再者，如果知道該種葡萄酒所使用的葡萄品種的特徵，那我們就能積極地去尋找該種味道。有時我們可以立刻找到，但有時又會期待落空地感到：「奇怪？怎麼沒有？」這種時候，我們可以喃喃自語地說：「嗯？沒想到這麼不像梅洛。」讓自己顯得很有美食家的派頭。

最後是餘韻。

如果不特別注意的話，或許很難察覺，愈是高級葡萄酒，香氣和味道的殘影，愈會如魅影般縈繞不去。就像過去分手的女友香水味，有時候會忽然想起，讓我們既惆悵，又愛憐，又依依不捨。

Point 試著尋找出各種香氣。

紅酒的香氣

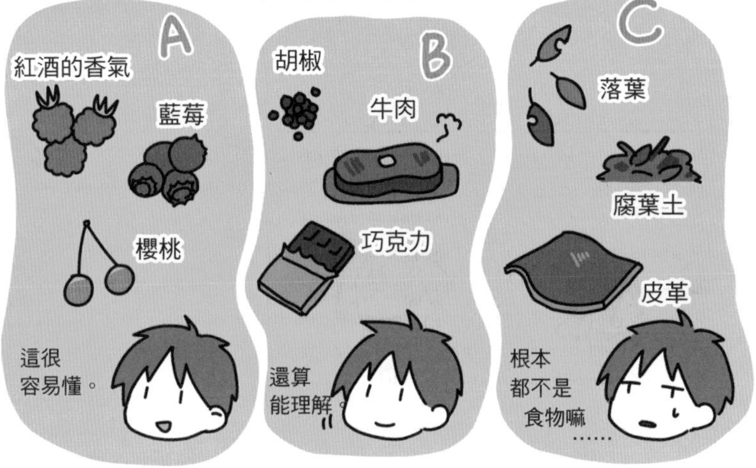
A
紅酒的香氣
藍莓
櫻桃
這很
容易懂。
B
胡椒
牛肉
巧克力
還算
能理解。
C
落葉
腐葉土
皮革
根本
都不是
食物嘛
……

白酒的香氣

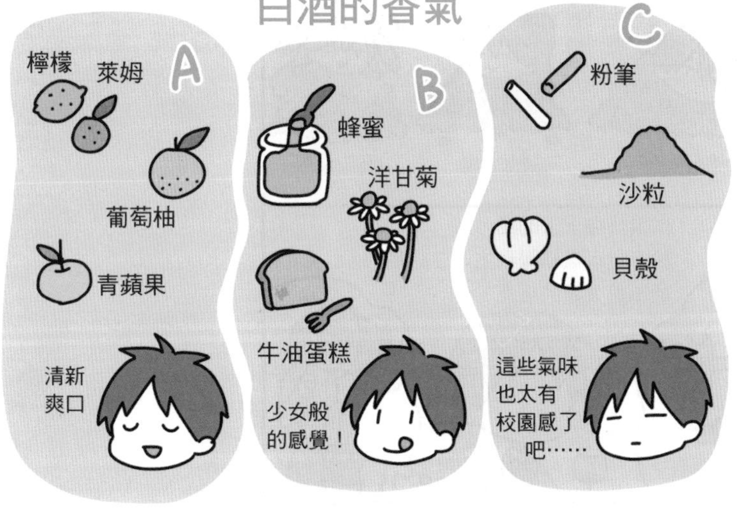
A
檸檬
萊姆
葡萄柚
青蘋果
清新
爽口
B
蜂蜜
洋甘菊
牛油蛋糕
少女般
的感覺！
C
粉筆
沙粒
貝殼
這些氣味
也太有
校園感了
吧……

土地

terroir

想像孕育葡萄酒的土地。

喝了美味的葡萄酒後，
請試著想像那種葡萄酒是生長在
什麼樣的地方。
你的生長之處，
會是什麼樣的地方呢？
……
在溫暖的土地上，
活潑開朗地長大？
在寒冷的土地上，
知性地長大？
土壤也會影響味道。
卡本內．蘇維濃
梅洛
夏多內
礫石土壤
黏土土壤
石灰土壤
繼續想像下去的話，
說不定可以感覺到生活在該地的
動物與人類的氣息。
狐狸……這個……
啊……大叔……擦一下汗吧……

美味的葡萄酒，只要喝的時候好好地去感受，就會很美味。

喝出興趣後，就會覺得每次來到葡萄酒賣區，都能看到不同的面孔，因此也不難想像為什麼有人會想蒐集葡萄酒，那種感覺就像蒐集造型公仔、遊戲卡一樣。

但要怎麼做，才能讓世上的人對葡萄酒產生這樣的「狂熱」呢？

如果有人這樣問，筆者都會回答：「或許要從了解風土條件（Terroir）開始。」

硬要解釋的話，「風土條件」就是指「酒瓶裡所封存的不只是葡萄酒，更封存著葡萄栽種地的土壤、氣候等風土」，但這種直接性的味道、與品牌特性所帶來的興奮感，其實還只是在葡萄酒世界的入口而已。

透過舌頭傳來的味道中，揉合著各式各樣的資訊——葡萄栽種地的土壤是礫石、黏土、石灰還是火山灰，自然不在話下，還涵蓋了釀造出葡萄酒的環境，像是棲息在周圍的動物，生存在土壤中的昆蟲或細菌，乃至該地方的生活者的性格是大而化之還是小心翼翼——而這些形成了葡萄酒的複雜味道。

感受到風土條件深入部分的那一瞬間，就如同「突然察覺到」自己最愛的樂曲背後的主題、或電影導演偷偷隱藏的主旨的瞬間，我們會雞皮疙瘩爬滿全身，浸淫在一股無法言喻的情緒高漲感之中。

比方說，假設葡萄田的附近有狐狸棲息，又有雞舍的話，土壤就會在無意中混入狐狸和雞的糞尿。此外，有時葡萄田中也會長著藥草（Herb），或是栽種著橄欖樹。偶爾，可看見標籤上畫著動物畫的葡萄酒，其中有一些是為了表示「附近有這樣的動物棲息」。

坦白說，風土條件並不會直接影響酸、甜的味道，只會帶給我們一種朦朧的印象，像是「感覺真健康呢」或「好愜意的風景哪」。

當我們一旦能真正感受到風土條件，那種光景就會一幕一幕地不斷浮現，這種感覺真是愉快得不得了。

或許有人會說：「那只是你的錯覺吧？」

但筆者認為，葡萄酒就是一種能讓「好像有這種感覺」的心情增幅，並藉此使品嘗者更樂在其中的東西。

Point 好的葡萄會滿滿地吸收當地的風土。

好的葡萄田

・貧瘠的土地
・排水良好

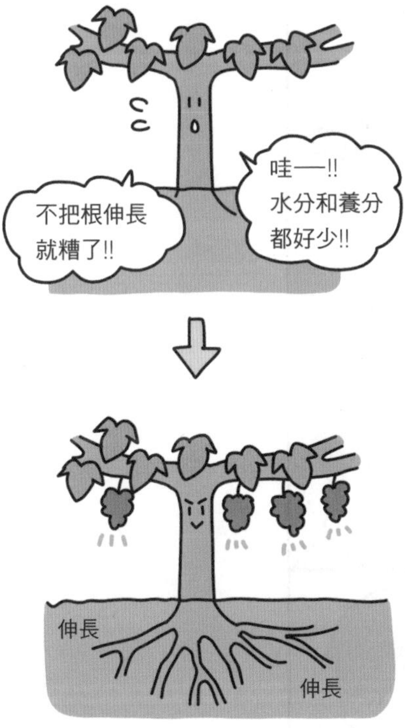

只要努力把根部伸長，
養分就能到達葡萄果實中。

順利地

不怎麼好的葡萄田

・養分充足
・排水不良

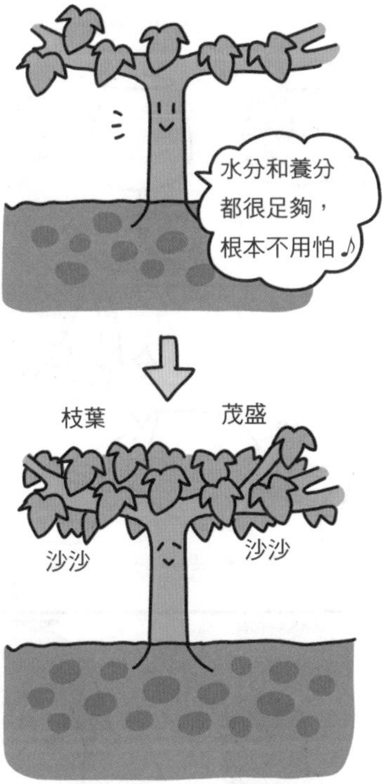

只長枝葉，
養分抵達不了葡萄果實。

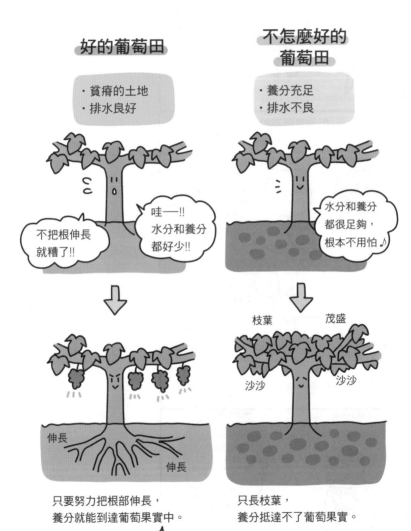

使用能讓鼻子探入杯中的玻璃杯飲用。

有了這3項用品，就十分方便！
我能輕輕鬆鬆地拔起軟木塞哦!!
用我切開瓶口錫箔!!
保存葡萄酒就交給我了!!
Screwpull開瓶器
瓶口錫箔切割器（Foil Cutter）
抽真空酒瓶密封塞（Wine Keeper）
但最想擁有的還是「正式的葡萄酒杯」。
用一般杯子喝
酒瓶對嘴喝
① 愈大愈好
② 玻璃薄
③ 鼻子能完全放入就OK!!
你是誰？
你一定會變得更喜歡葡萄酒。
哇！
初次見面，妳好。

葡萄酒的世界裡，有著各式各樣的道具。

首先，如果覺得「拔軟木塞很麻煩」，就可以買「Screwpull開瓶器」；如果覺得「瓶口錫箔紙每次都被撕得亂七八糟」，就可以買「瓶口錫箔切割器」（Foil Cutter）；如果覺得「酒喝剩時，不想讓味道那麼快變質」，就可以買「抽真空酒瓶密封塞」（Wine Keeper），這些道具可以幫我們省去麻煩。

省去麻煩是一件頗為重要的事。多數的人享用葡萄酒，是為了療癒累積了一整天的疲勞，所以應該沒人會想拿著T字形的葡萄酒開瓶器，臉紅脖子粗地和軟木塞惡戰苦鬥。

但這些道具其實可以到時候再買。

如果你不只是想把葡萄酒當成飲品，還想當作一種樂趣的話，那麼你該購入的第一件物品，應該是葡萄酒杯。

醒酒器（Decanter）、酒瓶冰鎮桶（Wine cooler）等道具，根本就沒差，最重要的是葡萄酒杯一定要好，絕不可隨便。

不能用三十九元均一店買的、或婚宴等場合的回贈品。不，也不是不能，但如果在這種地方小氣，反而非常不值得。

因為光是一個好的酒杯，就能讓葡萄酒變成價格比原本多上三百～六百元的葡萄酒才有的味道。

那麼，什麼樣的酒杯才是好的呢？

如果要講究葡萄酒杯的話，也有分成波爾多用、勃艮第用、香檳用等的各式種類，每一種都是製作成能發揮該種葡萄酒特性的形狀。如果有一點閒錢的話，奧地利的Riedel、德國蔡司Schott Zwiesel等知名品牌，也有提供各式種類的酒杯，而且每一種都品質優良。

只不過，好的葡萄酒杯相當脆弱。在尚未習慣前，往往會在清洗等時候，一不小心撞了下就破了。

雖然高級酒杯依舊令人嚮往，但筆者認為，只要能盡量選擇「大」且「玻璃薄」的酒杯，就算沒那麼高級也沒關係。更粗略地來說就是，只要杯口大小能讓鼻根可以完全包入其中的話，在葡萄酒的品嘗上，應該就不會有什麼問題了。

在這種大酒杯中倒入一點紅色或白色的液體，既能營造出一種時尚的氛圍，還能讓風味更佳，更重要的是香氣的聚集方式，會變得完全不同。

香氣將輕輕柔柔地包覆住你的鼻子。

可以和低品質的酒杯比較看看，味道和香氣上的差別應該頗為強烈。有許多原本對葡萄酒沒有特別好惡的人，只是因為換了酒杯，就開始覺得：「怎麼會這樣？葡萄酒還真好喝……」

這一定是因為他們在酒杯中，發現了葡萄的各種角色的「存在」。

請一邊讓酒杯的杯口包覆住鼻子，一邊閉上眼睛，用你的心之眼觀察各個品種的個性吧！

Point 好的酒杯能為葡萄的個性增色。

各種專用酒杯

保存

stockage

以冷藏庫保存。要喝時，先拿出來放涼。

葡萄酒無論是紅酒或白酒，只要放冰箱即可。

對葡萄酒講究的人，或許會嚴格地挑剔說，放在冰箱裡太冷或太乾燥等等，但是不要緊。

因為反正也不是高級葡萄酒吧？

什麼？是高級葡萄酒啊？是一瓶兩千多元以上，適合陳釀的葡萄酒嗎？如果你手上有這種珍寶，那就不要猶豫，立刻去買葡萄酒櫃來保存吧！

葡萄酒櫃並非上流社會名士專用的家電產品。葡萄酒櫃也有著琳瑯滿目的種類。其中也能找到小巧不占空間的四或六瓶裝的酒櫃，且價格親民，所以筆者很想告訴你：「趁這個機會買一個吧！」

但你的葡萄酒如果沒有那麼高級的話，那只要放在冰箱的蔬果室就沒問題了。甚至在夏天以外的季節，放室溫也沒關係。在一般家庭中品嘗的葡萄酒，應該這樣處理就ＯＫ了。只不過，因為紅酒和白酒飲用時的最佳溫度不一樣，所以「從冰箱取出的時間點」最好也有所分別。

由於日常生活中喝的白酒，基本上是要讓人純粹地品嘗其「清新爽口感」，因此最好能在冰涼時飲用。所以，等到要飲用時再從冰箱裡取出即可。

但是，香氣濃厚且味道強烈的「好的白酒（一般價值一千多元以上）」，若是在冰涼時飲用，會使香氣和味道出不來。因此，這種酒要在飲用前先取出來放置在桌上，等到溫度稍稍升高之後再喝應該比較好。

那紅酒又是如何呢？是否還有人相信著「紅酒應該以常溫飲用」的都市傳說？常溫還滿溫熱的吧……葡萄酒的著名產地法國，是一個氣候涼爽的國家，在那裡或許放常溫也可以，但在日本，放在室溫下的話，夏天就會高達三十度左右。溫溫地喝或許比較養身，但一點也不好喝。

所以紅酒也建議放在冰箱裡冷藏，並以要喝的十分鐘左右前取出為宜。若是剛買回來的常溫葡萄酒，那就放入冰箱中降溫三十分鐘左右。等不了那麼久的話，可以浸入裝著冰塊水的冰桶中，旋轉一分鐘左右。這麼做就能讓紅酒降至適合飲用的溫度了。

但筆者個人覺得，除非是在商店或餐廳裡提供葡萄酒的專業人士，否則一般人想在家中隨意喝喝便宜的葡萄酒，根本無須在意溫度控管的問題。如果是自己喜歡做這些，當然不會阻止你，但若是感到麻煩的話，就不建議你在意這些事了。只要自己覺得好喝，就算做法離經叛道也無妨。

如果想要快速冷卻的話，可以在酒杯裡放入冰塊，做成葡萄酒加冰塊；天冷時，也可以在爐子上加熱一下，做成熱葡萄酒。有的時候，也會想喝一些更清淡爽口的葡萄酒，筆者建議此時不妨以一比一的比例，將白酒和碳酸飲料加以混合，製成名為「Spritzer」的調酒。

從全球性的角度來看，原本葡萄酒應該像T恤、牛仔褲一樣，是一種休閒性的飲品。因此，筆者認為無須太拘泥於規矩，喝的人用自己喜歡的方式去喝即可。

順帶一提，開瓶後的葡萄酒，只要用軟木塞或蓋子封蓋住，大約在兩天內都還能保持其美味。

如果有「抽真空酒瓶密封塞」的話，只要在喝剩時將空氣抽去，應該就能讓風味保持三、四天。

如果超過前述的天數，那就請拿來當作料理酒使用吧。然後，配合你的菜色，再購入新的葡萄酒搭配用餐，這也是一種葡萄酒的時尚喝法。

Point 能夠注意溫度上的細節，雖然再好不過，但若覺得麻煩的話，其實也不用放在心上。

飲用時的溫度參考

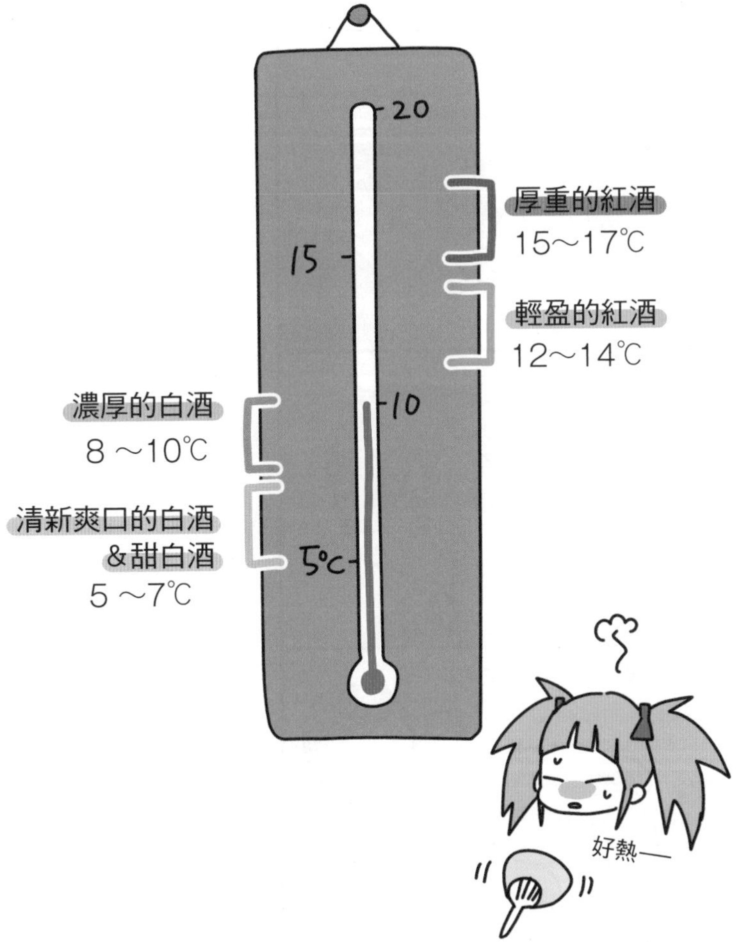

20
15
10
5°C
厚重的紅酒
15～17℃
輕盈的紅酒
12～14℃
濃厚的白酒
8～10℃
清新爽口的白酒
&甜白酒
5～7℃
好熱—

試著和侍酒師對話。

嘗試根據「六個品種」
來點點看葡萄酒！
捧出
好
請問，
這一支可以嗎？
① 喝一口
② 聞聞氣味
③ 看軟木塞
嗅
嗅
嗯，是軟木塞
沒有霉味的話……
沒問題，
請給我這一支。
這樣說就OK了!!
如果能再多回饋一句話，
就能使場面緩和
!
話說，
這酒還真好喝！
謝謝您的誇獎！
這是～

在餐廳內點葡萄酒十分簡單。

如果不知道該選哪種，先請店內的人舉出「有哪些葡萄酒適合搭配這些菜色」，再試著跟前述的「六個品種」比較，並選出感覺上符合自己偏好的葡萄酒即可。

到此為止都沒問題嗎？

而若你在有一點高級的餐廳裡，想要點一整瓶的葡萄酒時，侍酒師會恭恭敬敬地將整瓶酒端來，讓在座的人看一看瓶身上的標籤。

簡單來說，這個舉動意味著向大家確認：「你們點的是這瓶酒沒有錯吧？」若在看過標籤後，輕輕點頭的話，侍酒師就會動作嫻熟地為葡萄酒開瓶。

然後，在酒杯中注入一點酒後，侍酒師會鎖定這一桌中看起來最像東道主的人，向他遞出一個「喝一口看看」的眼神。

那麼，收到眼神的人該怎麼辦呢？只要先聞一聞香味，再喝個一口，然後回答「好，請給我這一支」就可以了。

這個動作稱為「主人品嘗」（Host Tasting）。這並不是向周圍的人顯示自己的味覺有多敏銳的時機，而只是一種類似約定俗成的儀式，目的是希望客人不要事後才提出「味道怪怪的」「我要換一瓶」等的抱怨。

為什麼說它類似一種儀式呢？因為試喝的客人幾乎別無選擇地，只能回說：「好，請給我這一支。」

當然也會碰到味道不對的時候。軟木塞發霉發臭的狀態，稱為「軟木塞味」（Bouchonné）。簡單來說，就是不幸抽中了葡萄酒裡的籤王。

軟木塞味出現的機率，據說是每一百支會有一支，但對入門者來說應該是無法區別的。

所以，只要稍微覺得有點怪怪的，或許可試著用惶恐的語氣問道：「這支葡萄酒原本是這種味道嗎？」客人詢問的話，侍酒師會親自確認。應該不會有侍酒師在確認後惱羞成怒地說：「本來就是這種味道！你是味覺有問題嗎!?」通常不是有軟木塞味的話，他們就會說明不是；萬一真的有軟木塞味，他們則會非常慎重地道歉，並換一瓶新的上來。

但筆者身為侍酒師，至今已開過幾千支，說不定有幾萬支葡萄酒，但從來不曾感到哪支酒有軟木塞味，也從來沒被人指責過拿上來的酒有軟木塞味。

最多只有到「可能真的有軟木塞味，但軟木塞味或許有程度之分，這個幾乎感覺不出來？」這種程度而已。如果真的遇到讓人不禁皺眉的嚴重軟木塞味，可能還會覺得「機率小得幸運耶！」但若是自己購入的高級葡萄酒有軟木塞味，那就真的很嘔了。

順帶一提，在面對侍酒師時，有不少客人會擺起架子（為了不露出破綻），表現出冷漠的態度。

身為侍酒師，我希望客人都能愉快地享用自己所推薦的葡萄酒。對這樣的侍酒師來說，遇到態度冷淡的客人，真的會有些失落。

只要回饋一句「謝謝」或「好好喝」，就能緩和氣氛。這麼一來，侍酒師也比較容易說出推薦那支葡萄酒的理由，或是深入一點的相關知識。

其實侍酒師們內心都是噗通噗通地期待著，客人能夠喜歡自己推薦的葡萄酒。

Point 自己先將心打開的話，侍酒師就會告訴你更多相關知識。

小小提示

較貴的葡萄酒喝到剩下
一點點的話，
就能讓店員試味道，
這種了不起的舉動是
很令人傾心的唷。

搭配餐點

mariage

試著在吃飯時搭配菜色飲用。

葡萄酒和餐點，
搭配得好是相得益彰，
搭配不好是相互破壞。
餐點
顏色相似的都很合得來。
紅肉×濃厚的紅酒
白肉魚×爽口的白酒
味道相似或味道相反的，
也都很合得來。
相似
相反
椒麻雞×胡椒風味的紅酒
酸的乳酪×甜型的麗絲玲
當一切搭配得恰到好處時，
就能品嘗到一種宛如置身於一幕
愛情故事中的感動。
景色如畫……
濃的紅酒
夕陽
BBQ烤肉
陽台
竟然一個人吃BBQ……

葡萄酒除了其中的甜點酒（dessert wine）等酒類外，都很適合一邊用餐一邊飲用。

而且葡萄酒被稱為「餐點的襯托者」。

不僅如此，葡萄酒的專業術語中，還以法文「Mariage」（結婚）來形容，餐點與葡萄酒之間的完美搭配，但根本不是如此。

從筆者的角度來看，餐點才是葡萄酒的陪襯者。所以，若將葡萄酒比喻為偶像，那麼餐點就像是跟班或經紀人，頂多是製作人。因此，兩者怎麼能隨隨便便就結婚？

……好啦，這只是筆者個人的胡思亂想而已。總而言之，有餐點才有葡萄酒，所以如何搭配葡萄酒和餐點，是一門重要的學問。因為搭配得恰到好處時，不只餐點的美味度，連葡萄酒的美味度，都會連升好幾級。

那麼，什麼樣的餐點該搭配什麼樣的葡萄酒呢？

想要增強這方面的判斷力，雖然可以靠累積人生中吃過多少、喝過多少的美食經驗來鍛鍊，但若沒那麼多經驗，也可以靠著三個法則來簡單地判斷。

那究竟是哪三個法則呢？

第一項法則是「將顏色相似者互相搭配」。

只要葡萄酒和餐點的「顏色」相近，幾乎就不會出差錯。紅酒的話，就可以搭配偏紅色的肉類或醬料；白酒的話，可以搭配偏白色的蔬菜或魚類。

這雖然是基本的判斷法，但同樣是紅酒，富含單寧的就會呈褐色；同樣是白酒，若品種是屬於白蘇維濃，那麼它的「代表色」就會是綠色。

再者，不要受限於「肉類就是紅色」「魚類就是白色」的觀念，同樣是日式烤雞肉串，也可以從調味方式來區分，醬油味就是偏紅色，鹽味就是偏白色；另外像是鯖魚，如果是照燒的話就是配紅酒，如果是鹽烤的話就是配白酒比較合。

或許需要抱著比較大略的心態來看，只要「這兩個顏色感覺上還滿合的」就可以了。

第二項法則是「將味道相似者互相搭配」。

比方說，希哈品種在味道上，帶有較強的胡椒味，所以十分適合搭配以胡椒調味的肉類料理。白蘇維濃品種則帶有蔥味，或許很適合搭配加了蔥且味道細膩的京都料理。

第三項法則是「將味道相反者互相搭配」。

藍紋乳酪（Blue Cheese）的鹽味重，又具有刺激性的奶臭味，使用了麗絲玲的極甜型葡萄酒則是，甜而帶有水果香，雖然兩者呈完全相反的味道，但這樣搭配起來也相當適合。就像將蜂蜜淋在加了藍紋乳酪的披薩上會很好吃，也是類似的道理。

順帶一提，異國菜（Ethnic Food）（指其他國家或民族的風味獨特的菜）中經常出現「偏酸的菜色」和「辛辣的菜色」，筆者覺得，基本上這種菜和葡萄酒是不太協調的。這時，請不要勉強搭配葡萄酒，其實直接配上最不會出錯的啤酒就好了。

綜合上述，當你要為今日的餐點挑選葡萄酒時，請按照「相似顏色」「相似味道」「相反味道」這三個基準來挑選。這麼一來，一定不會發生出錯的狀況。

掌握這種感覺後，用餐將會變得愈來愈有樂趣。

假以時日，當你來到一間可觀賞夜景的餐廳時，若能面不改色地快速決定好菜色，以及適合該菜色的葡萄酒，就算是一個再噁心的阿宅，或許也會在一瞬間散發出猶如天才企業家般的氛圍。但也有可能不會。

Point 好的組合能
相互襯托出彼此的魅力。

用顏色來搭配
紅肉
×
所有濃厚的紅酒
白肉
×
爽口的白酒
牛肉
卡本內・蘇維濃
鴨肉
羊肉
希哈
豬肉
白蘇維濃
雞肉

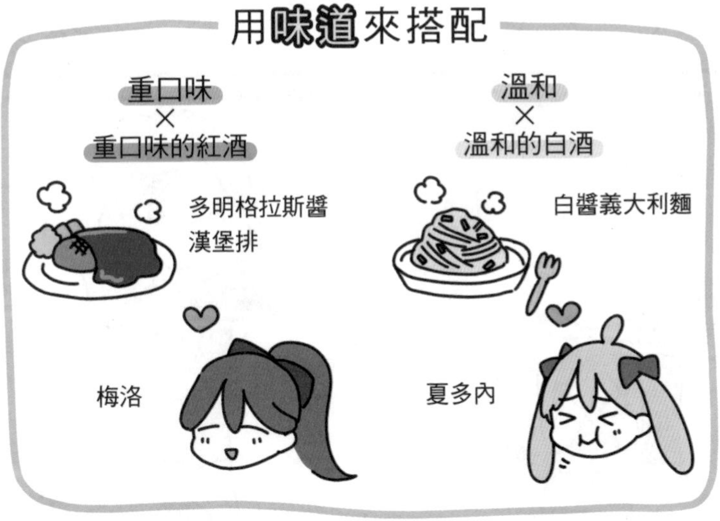

用味道來搭配
重口味
×
重口味的紅酒
溫和
×
溫和的白酒
多明格拉斯醬
漢堡排
白醬義大利麵
梅洛
夏多內

Appellation
咚
先休息一下吧。
呼—
真是教了好多東西~
這麼說起來，真的教了不少……
幹得好……竟然能走到這一步……！
握拳……
葡萄的品種？是指在超市裡賣的那些品種吧？
?
什麼!?香檳也是葡萄酒的一種!?
不是吧—!!
哦……這是夏多內，味道真重。
不錯嘛
看來你現在對葡萄酒也有不少了解了，我太欣慰了！
過獎了—
嘿嘿……懂了一些之後，就覺得還滿有趣的。
既然基礎都學會了，那我們是不是該進入下一個階段了？
下一個？

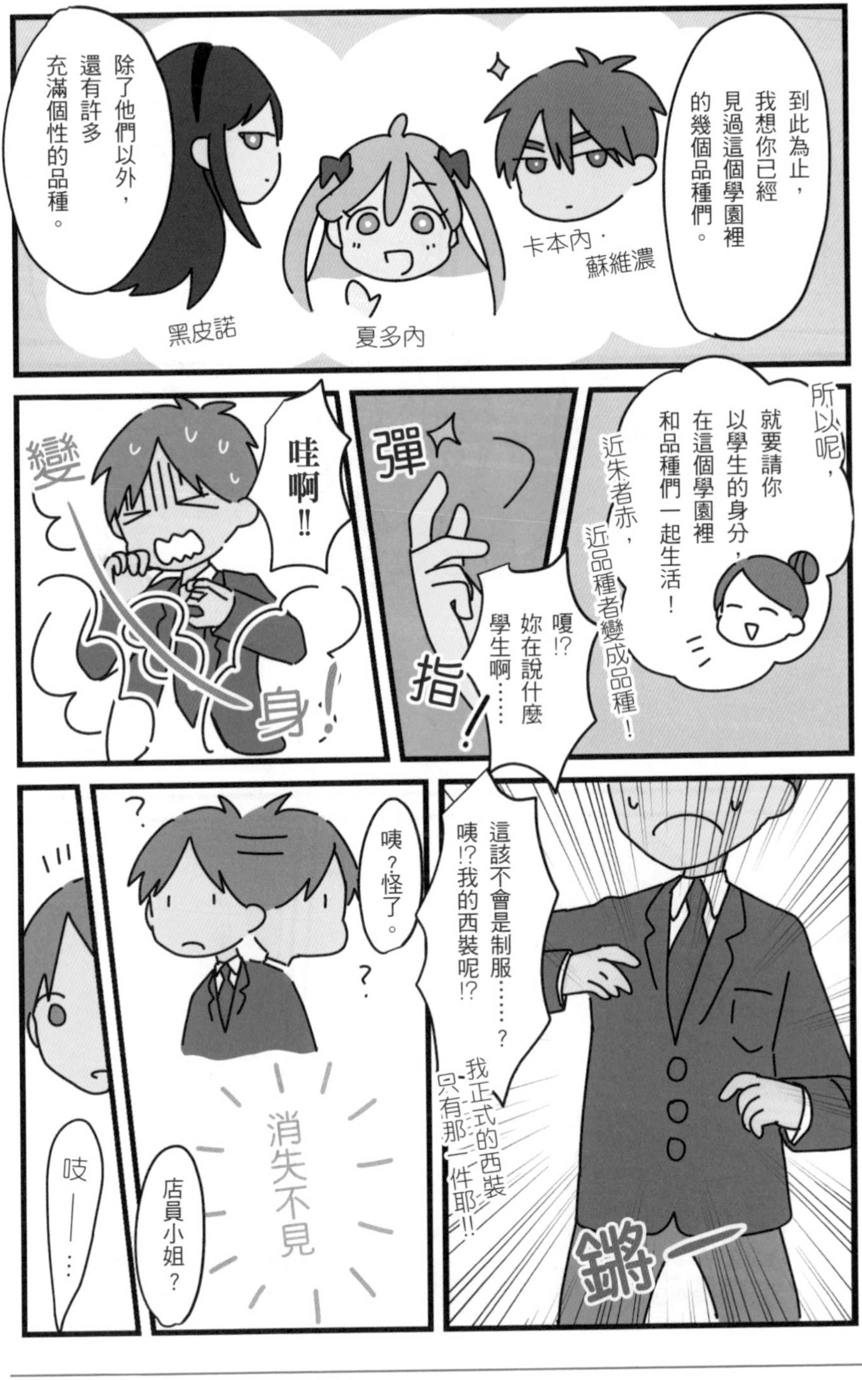
到此為止，我想你已經見過這個學園裡的幾個品種們。
卡本內·蘇維濃
夏多內
黑皮諾
除了他們以外，還有許多充滿個性的品種。
所以呢，就要請你以學生的身分，在這個學園裡和品種們一起生活！
近朱者赤，近品種者變成品種！
嘎!? 妳在說什麼學生啊……
彈
指！
哇啊!!
變身！
這該不會是制服……？ 咦!?我的西裝呢!?
我正式的西裝只有那一件耶!!
鏘—
咦？怪了。
消失不見
店員小姐？
吱——……

吱
這是什麼玩意？怎麼有個長了臉的軟木塞？
天哪！太嚇人了吧！
是我！
吱— 吱—
這聲音……該不會是店員小姐!?
腦袋裡出現聲音!!
妳、妳怎麼了？突然變成這樣……
看來已經到極限了……
好小隻……
妳……妳這樣沒關係嗎……？
把你的西裝變成制服時，我的法力一下子用光了……
誰叫妳要變這種把戲！
我已經沒有餘力維持人類的外型了。
法力消耗得比預期還嚴重……
所以說，妳本來是一顆軟木塞嘍？
壓一壓
得加快腳步了……！
壓一壓
我沒事的。
來，我們走吧！

喔，去哪裡？
關上
走廊上保持安靜
就跟你說了……
……
登——登!!
從今天起，你就要跟品種們一起上課，一起學習！你是個高中生了！
不……太強人所難了，我是一個上班族耶……
差太多了……
只要穿上制服就沒問題了。
也太隨便了吧？
再說——
沒想到竟玩起Cosplay……
以你現在的功力，一定可以跟品種們打成一片的。
我已經快三十了耶。
打成一片……
……那我就努力看看好了……
沒錯，就是要這樣！

我會告訴大家，你是新品種的轉學生，那就萬事拜託嘍♪
嘎!?
我是人類耶……

第2章

舊世界

法國、義大利、西班牙、德國

舊世界的葡萄酒複雜而細膩。

法國

Française

每喝兩瓶，就要有一瓶是法國葡萄酒。

不想冒險的時候，建議可以喝地雷較少的「新世界」的葡萄酒。
容易入門。
新世界
○○店
秋季新酒款
很好喝唷。
可是，想要了解葡萄酒的真正精妙之處，就要喝「舊世界」。其中，法國葡萄酒更是免不了的。
需要一點勇氣。
OPEN
這才是道地的味道！
法國不僅境內擁有葡萄酒的兩大產地──「波爾多」和「勃艮第」，
※城堡是示意圖。
而且涵蓋了葡萄酒的各個領域─!!
更重要的是，好的法國葡萄酒中，蘊藏著一種美。
正因為這種美，使得歷史中從來都不乏狂熱的葡萄酒迷。

要確認每一個品種的味道，建議選擇新世界的葡萄酒，因為比起以歐洲為中心的舊世界，歐洲以外的新世界有較多「單一品種」的酒款。

此外，預算若在五百多元以下，又覺得「今天不想冒險」的話，那麼還是建議選擇新世界而非舊世界，較不易踩中地雷。

不過，想要了解葡萄酒的真正趣味、真正精妙，還是得喝法國葡萄酒。

筆者認為，就像是只要掌握了新世紀福音戰士，感覺上就能大致掌握九〇年代的日本卡通，同樣地，只要掌握了法國葡萄酒，感覺上就能大致掌握全世界的葡萄酒了。

因為什麼樣的葡萄酒，你都能在法國葡萄酒中找到。

法國有的不只是紅酒最基本款的「波爾多」和「勃艮第」。

法國全境都在大量生產葡萄酒，從高級的到價廉物美的應有盡有；任何特徵的葡萄酒，都能在法國找到，品項極為齊全。說出來不怕大家誤會，我們甚至可以說，其他各國的葡萄酒，都是「抄襲自法國某個地方」。

葡萄酒的歷史悠久，據說從西元前六百年就開始釀造。這長達幾千幾百年的時間積累，以及釀酒者的血淚與汗水，都是肉眼看不見的，但甚至連這些都被濃縮在葡萄酒的酒瓶之中。

更重要的是，法國葡萄酒的味道就是高雅。

或許正因筆者是一個不怎麼高雅的人，所以才更加深切地感受到這一點。

法國葡萄酒雖然種類繁多，但好的葡萄酒，在喝下第一口的瞬間，你就會覺得「這個厲害」。

就像和有名的貴族女校的女學生擦身而過時，彷彿可以嗅到一股內斂、典雅、曖曖內含光的美，迎面撲鼻而來。

這種氛圍從樸拙的新世界葡萄酒身上，可是感受不到的。新世界的葡萄酒是喝了一口，就會有「水果味大爆發！」「酒味滿溢！」之類的震撼，彷彿在刻意討好地說：「你也想要這個吧？」（這也是其魅力所在）。

好的法國葡萄酒就不同了，它給人的感覺是「啊……真別緻」。那是一種很有都會感的高雅滋味。一定是法國人本身就帶著這樣的氣質吧，真令人羨慕。

前面所描述的，當然不只是筆者個人的想法，事實上，法國葡萄酒深受全球各地人士信賴。這想必是因為，他們為了維持傳統味道，而嚴格地制定出ＡＯＣ（ＡＯＰ）等「葡萄酒的法律」，讓釀造者不能愛怎麼釀就怎麼釀。

From：

地址：

廣告回信
台北郵局登記證
台北廣字第 01764 號

平　信

To：台北市 10445 中山區中山北路二段 26 巷 2 號 2 樓

大田出版有限公司　／編輯部　收

電話：（02）25621383　傳眞：（02）25818761

E-mail：titan3@ms22.hinet.net

寄回函抽獨享葡萄酒

只要回答下列問題，並寄回讀者回函，就有機會得到**泰德利** Titlist 所贊助的葡萄酒一支！

泰德利葡萄酒
Titlist Wine

泰德利股份有限公司
TITLIST COMPANY LIMITED
Since 1986

Q：最主要的葡萄品種是哪六種？

A：______________________

____

____

活動時間：
即日起至 2017 年 5 月 20 日止
（憑郵戳日期爲準）

抽獎公布日：
2017 年 5 月 31 日

得獎名單公布：
大田出版
FB 粉絲專頁

泰德利股份有限公司，累積 30 年豐富的商品發展經驗，我們運用專業的知識、精煉的品味尋找世界各地優質的葡萄酒，將它們呈現給最挑剔的你。爲了將葡萄酒的美好帶給更多朋友們，我們經常舉辦各式品酒會以及講座！歡迎搜尋我們的臉書「泰德利葡萄酒 Titlist Wine」有更多近期活動訊息等你來玩喔！

注意事項：大田出版保留活動修改之權利

大田出版 讀者回函

姓　　名：＿＿＿＿＿＿＿＿＿＿＿＿＿＿＿＿＿＿＿＿
性　　別：□男 □女
生　　日：西元＿＿＿＿年＿＿＿＿月＿＿＿＿日
聯絡電話：＿＿＿＿＿＿＿＿＿＿＿＿＿＿＿＿＿＿＿＿
E-mail：＿＿＿＿＿＿＿＿＿＿＿＿＿＿＿＿＿＿＿＿
聯絡地址：＿＿＿＿＿＿＿＿＿＿＿＿＿＿＿＿＿＿＿＿

教育程度：□國小 □國中 □高中職 □五專 □大專院校 □大學 □碩士 □博士
職　　業：□學生 □軍公教 □服務業 □金融業 □傳播業 □製造業
□自由業 □農漁牧 □家管□退休 □業務 □ SOHO 族
□其他＿＿＿＿＿＿＿＿＿＿＿＿＿＿＿＿

本書書名：0714110 原來了解葡萄酒這麼簡單

你從哪裡得知本書消息？

□實體書店＿＿＿＿＿＿ □網路書店＿＿＿＿＿＿ □大田 FB 粉絲專頁
□大田電子報 或編輯病部落格 □朋友推薦 □雜誌 □報紙 □喜歡的作家推薦

當初是被本書的什麼部分吸引？

□價格便宜 □內容 □喜歡本書作者 □贈品 □包裝 □設計 □文案
□其他＿＿＿＿＿＿＿＿＿＿＿＿＿＿＿＿

閱讀嗜好或興趣

□文學 / 小說 □社科 / 史哲 □健康 / 醫療 □科普 □自然 □寵物 □旅遊
□生活 / 娛樂 □心理 / 勵志 □宗教 / 命理 □設計 / 生活雜藝 □財經 / 商管
□語言 / 學習 □親子 / 童書 □圖文 / 插畫 □兩性 / 情慾
□其他＿＿＿＿＿＿＿＿＿＿＿＿＿＿＿＿

請寫下對本書的建議：

※ 填寫本回函，代表您接受大田出版不定期提供您出版相關資訊，
大田出版編輯部 感謝您！

正因他們嚴格遵守那些法律，才能產生健全的良性競爭，使得葡萄酒的品質不斷提升。

法國葡萄酒最大的魅力，莫過於其複雜而細膩的味道與香氣。

所以，不習慣喝葡萄酒的人，就算很有幸喝到高級葡萄酒，也可能感受不出其魅力，而覺得：「什麼嘛！這根本就沒什麼。」我想，應該有不少人因此認定「高級葡萄酒也不過爾爾」，結果從此不再對葡萄酒感興趣。

但因為喜歡而持續喝葡萄酒的人，到最後多半都還是會往法國葡萄酒的方向去。

因為法國的葡萄酒中，有著光靠技術無法孕育出的內涵。

法國葡萄酒就是這麼有深度的酒，因此每當你覺得「自己的舌頭經驗值可能提升了」的時候，就請試著喝喝看法國葡萄酒。

Point 感覺上，只要了解法國葡萄酒，就能了解所有的葡萄酒了。

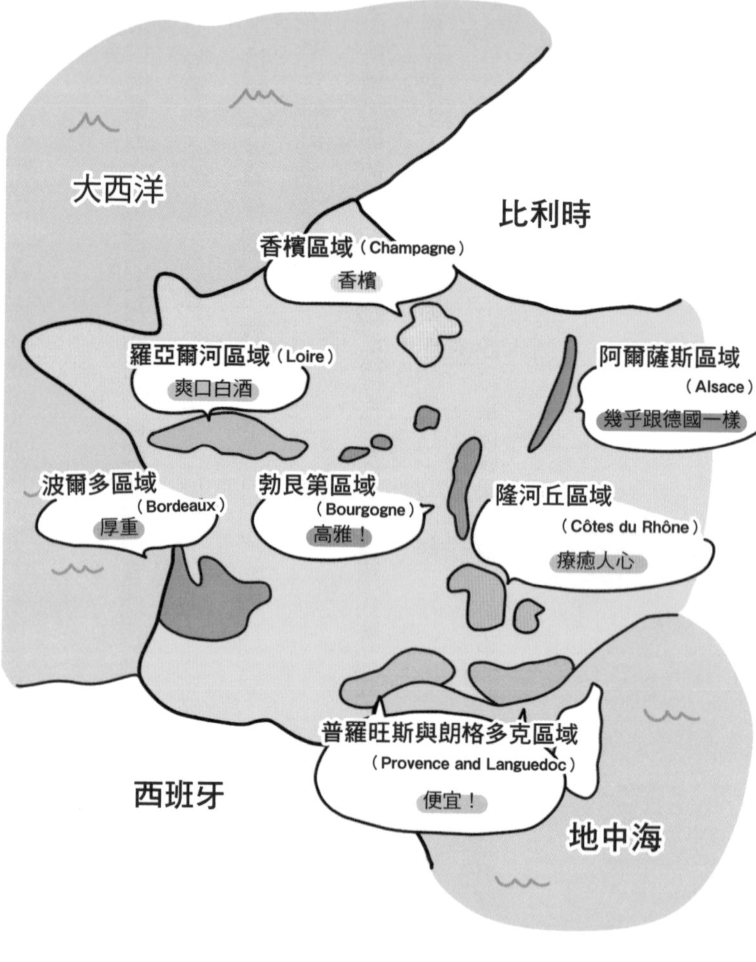
大西洋
比利時
香檳區域（Champagne）
香檳
羅亞爾河區域（Loire）
爽口白酒
阿爾薩斯區域
（Alsace）
幾乎跟德國一樣
波爾多區域
（Bordeaux）
厚重
勃艮第區域
（Bourgogne）
高雅！
隆河丘區域
（Côtes du Rhône）
療癒人心
普羅旺斯與朗格多克區域
（Provence and Languedoc）
便宜！
西班牙
地中海

法國
波爾多區域

Française Bordeaux

一說到波爾多，就聯想到「厚重的紅酒」。

一說到波爾多，就聯想到「厚重的紅酒」。
瓶身
為高肩。
卡本內．蘇維濃
這裡是
我的大本營。
而且味道複雜而深奧。
這種複雜與深奧，是源自於陳年的釀製。
再睡20年
……
3年了，
我該起
床了。
好的
波爾多葡萄酒
廉價的
波爾多葡萄酒
※
不推薦。
氣質高雅的卡本內．蘇維濃
和技術高明的釀酒師傅，皆聚集於波爾多，
交給我們！
Yes!
We
are
波爾多們
使此地成為葡萄酒的聖地。

「波爾多」是地名，在古老的語言中，意味著「水邊」。

正如其名，波爾多是一塊河川周邊的產地，因為法國多次下令「利用河川，輸出他國」，使葡萄酒傳到世界各國，波爾多更因此一舉成名，成為名聞遐邇的葡萄酒釀造地。

波爾多究竟多有名，若以二次元偶像角色當作比喻的話，就類似《偶像大師》（THE IDOLM@STER）或《LoveLive!》那樣十分穩定地發展，並與勃艮第區域並列為兩大產地。

而說到波爾多，就會讓人想到「厚重的紅酒」。

如果有哪個喝到酩酊大醉、口齒不清的富豪，在某個高級法國餐廳高聲喊道：「哪一種都好，總之給我上一瓶烈酒！」這時，侍者送上來的酒，有很高的機率會是要價好幾千元的波爾多葡萄酒。

波爾多葡萄酒還有一個綽號，叫做「葡萄酒女王」，但以女王而言，波爾多的骨幹應該還要更加厚實，且其粗澀味強烈，帶給人一種男子氣概的印象。

不過，波爾多的迷人之處，不單在其厚重與男子氣概的特質，也在於其為「陳釀葡萄酒」這一點上，因此才能帶出優雅而複雜的滋味。

這也是為什麼筆者不推薦各位嘗試過於便宜的波爾多。零售價格至少要達到一千三百元左右，否則無法買到耐得住陳年釀製的好葡萄酒。

透過陳釀而產生的味道與香氣上的複雜與深度，肯定會讓感受過的人，對葡萄酒大大改觀，在心中想：「啊，原來這才是葡萄酒……」當然，對於覺得「葡萄酒味道愈接近葡萄果汁愈好喝」的人來說，或許沒必要喝到這麼高級。

簡單來說，陳釀會使葡萄酒產生一種不易懂的美味，也就是能孕育出擁有「大人的美味」的葡萄酒。再者，陳釀還能緩和酒精感，所以口感也會變得比較柔和。

為何波爾多這個地方會孕育出「陳釀型」的「厚重紅酒」呢？

這是因為在這裡的良好氣候條件下，能栽種出單寧極為強勁的卡本內．蘇維濃，再者，也因為自古以來不斷在經驗與技術相互切磋琢磨的人們，都會匯聚至波爾多這塊聖地。

所以，無論各國的葡萄酒莊（Winery）再怎麼模仿波爾多，都無法達到波爾多的境界。

波爾多雖然已是葡萄酒界的頂級品牌，但因為世人追求品牌，所以葡萄酒的分級（排行）制度也相當盛行。

尤其波爾多區域中的「梅多克地區」，連每一個酒堡都被分成一級到五級。這個分級是，在法國即將舉辦巴黎世界博覽會之際，拿破崙三世突然想到：「是不是用個什麼方式讓觀光客一看就懂比較好？」於是讓葡萄酒經紀人制定出這樣的標準，當作葡萄酒的指南，由於這個分級制度大受歡迎，所以一直沿用至今。

特別是有「五大酒莊」之稱的一級葡萄酒【拉度酒堡】（Château Latour）【拉菲酒堡】（Château Lafite-Rothschild）【瑪歌酒堡】（Château Margaux）【木桐酒堡】（Château Mouton Rothschild）【侯貝王酒堡】（Château Haut-Brion），更擁有世界等級的價值。

如今「五大酒莊」的知名度，在全球多達據說幾十萬種的葡萄酒之中，站在最高的頂點。它們就像進入大聯盟的球員一般，只要葡萄酒還存在於這世界上，就不會為人所遺忘。

各位如果遇到值得慶祝的事，或忽然中了大樂透，而想要開一瓶昂貴的葡萄酒時，不妨考慮看看五大酒莊。

只不過，這樣的分級是在「一八五五年」制定的。

這項分級是根據一百多年前葡萄酒業界的評價，以及交易上的價格高低來決定的，除了中間有過一次重新評估外，一直紋風不動地維持著相同的狀態，不像某日本偶像團體一樣，會定期舉行總選舉，重新評估（中間的一次重新評估時，【木桐酒堡】得以升至一級）。

當然，等級高的酒莊應該有他們長久以來的榮譽感，也有能力投入大筆金錢，所以不太可能「難喝」。不過，味道能不能與其價格匹配，就不得而知了。不，或許一如世人的評價，它們真的是偉大的葡萄酒吧。我想，這種必須由大家自行解謎的特質，也是葡萄酒的魅力之一。

無論如何，等級低的酒堡比等級高的酒堡好喝或昂貴，是司空見慣之事，各位大可不必太放在心上。

而波爾多葡萄酒無論在分級上、或在價格上，都有高有低，無論是在高級葡萄酒店，甚至超市或自家附近的酒鋪，都能見其蹤影。

有時我們會看到名為「某某酒堡」的葡萄酒，這種法文標注為「CHÂTEAU／CH」的葡萄酒，除了部分例外，其他皆為波爾多葡萄酒。

CHÂTEAU是指釀酒廠，但原本的意思是「城堡」。用這個名稱，或許是帶著一種趾高氣揚的態度，想表現出：「我們是在這麼雄偉的地方製造的哦！」……也可能沒有這種態度吧。而瓶身標籤上刻意寫著「某某酒堡」的葡萄酒，就表示那瓶酒是該酒莊中的高級品。

Point 從品種所構成的品牌中，孕育出偉大的紅酒。

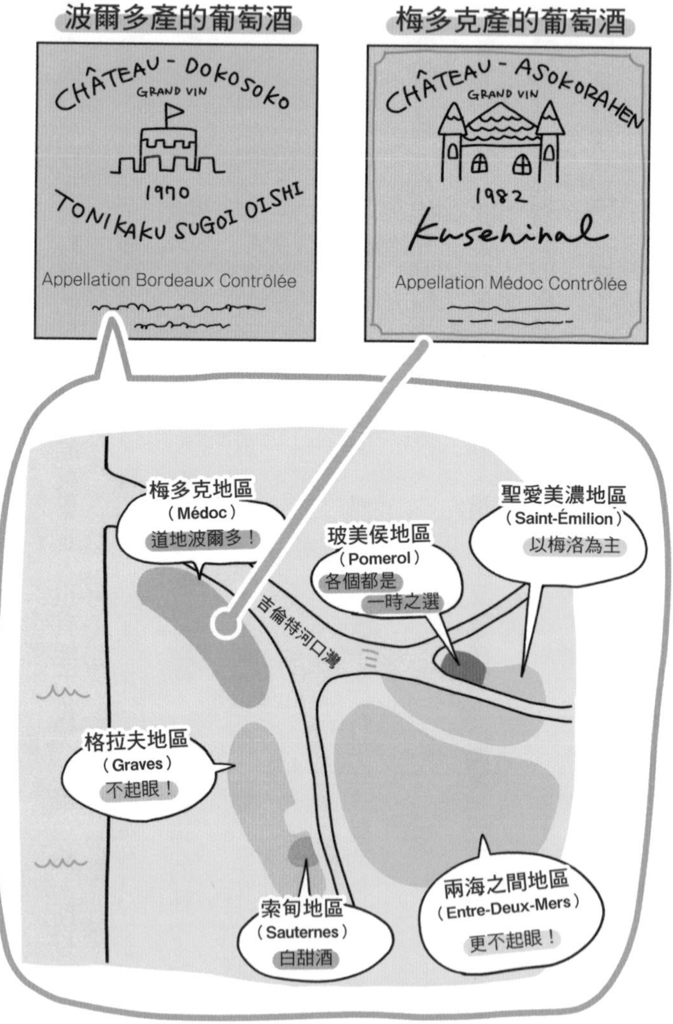

法國
波爾多區域

Française Bordeaux

【主要品種】

有「波爾多名牌」之稱
的黃金組合。

梅洛

紅

落落大方而醇厚的大姊姊。澀味、酸味較不明顯，味道溫和。

卡本內・蘇維濃

紅

無論分派到任何職責，皆能愉快勝任的資優生。成熟老練、富含粗澀味（單寧）的正統紅酒。

榭密雍

白

讓人忍不住想保護的天然呆凸槌女孩。口感柔滑，酸味較低。

卡本內・弗朗

紅

專門襯托大家的好配角。若混合其他品種，就會多出一股「高雅感」。

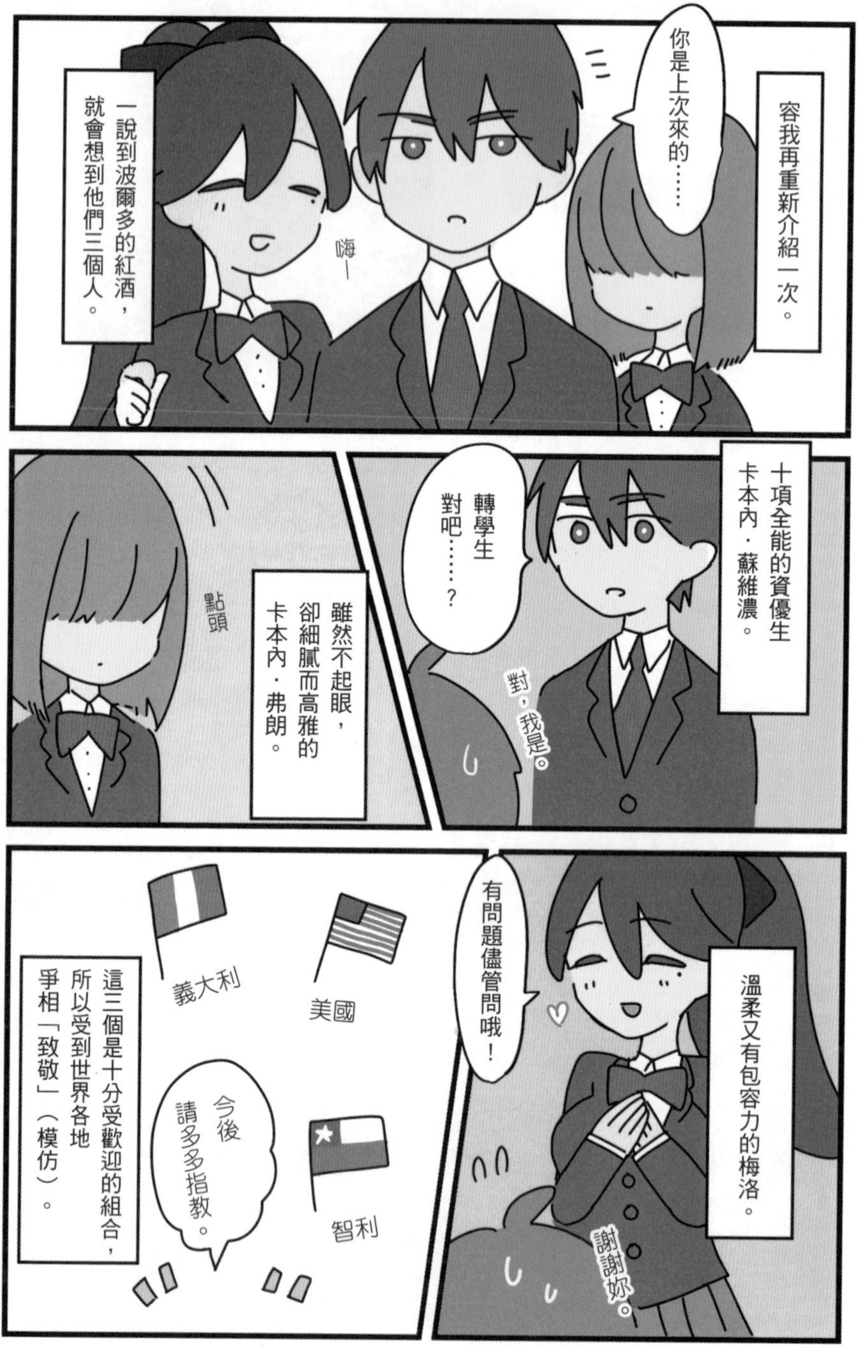
容我再重新介紹一次。
你是上次來的……
嗨—
一說到波爾多的紅酒，就會想到他們三個人。
十項全能的資優生卡本內・蘇維濃。
轉學生對吧……？
對，我是。
雖然不起眼，卻細膩而高雅的卡本內・弗朗。
點頭
溫柔又有包容力的梅洛。
有問題儘管問哦！
謝謝妳。
這三個是十分受歡迎的組合，所以受到世界各地爭相「致敬」（模仿）。
義大利
美國
智利
今後請多多指教。

卡本內！拜託你來支援我們的社團活動。
希哈
山吉歐維樹
我們也要拜託你！
啊，我們也想拜託你支援這次的大賽。
馬爾貝克
卡本內．蘇維濃十分受到眾人愛戴，他是如英雄般的存在，也是十分可靠的年級委員長。
無論是個人競賽（單一品種），
向前衝
向前衝
哇——遙遙領先！
或是團體競賽（混釀），
轉身
轉身
可惡，那個代打的怎麼這麼強！
根本就是高手！
無論何時何地，都能顯現出超強的存在感。
完美到看起來難以接近的他，事實上口感溫和，容易親近。
好厲害……
美男子氣場
轉學生要不要一起來打？很好玩的！
讚
不……不用了，我幫你們加油就好。
想像紅酒的味道時，第一個浮現腦海的，一定就是他吧。

Ciao!!(義大利語的「再見」。)

哎呀——
嚇我一跳。
卡本內・蘇維濃同學，無論到哪裡，個性都那麼強烈……
是不是！順帶一提，他是卡本內・弗朗和白蘇維濃自然交配而誕生出來的哦。
咦？那個感覺像乖乖牌的……
原來是這樣，才叫做卡本內・蘇維濃啊……
是說，他怎麼還沒走！
心頭一驚
喝完後餘韻會留存很～久，也是他的特色。
好可怕！
轉學生同學～
好多人
找我說話。
早安～學校還習慣嗎？
呃，她是……
她是梅洛，這個品種帶給人一種女性獨有的堅毅之感。
味道不會太外放，但又很有存在感。
託妳的福……
日誌我幫你寫好嘍。
謝謝。
也是卡本內・蘇維濃很好的襯托者。

那是……
嗯？
哇嗚！
呃－梅洛同學。
原來是轉學生同學。
嚇我一跳。
對不起。
啊，這個嗎？我在製作園藝用的腐葉土。
要給維歐尼耶用的。
剷 剷
味道很香吧？
梅洛有一種像是山林裡所散發出的土壤香氣。
真的耶，好香。
好像住在老家的媽媽一樣，給人一種安心感……
但這句話不能說出來
是不是－
洋李風味的梅洛，「酸味」和「單寧」較低，這兩者正好是不喜歡葡萄酒的人最不能接受的味道。
這樣就可以了
口感溫和又有分量。
收拾一下就可以回家了♪
原來如此……
看起來輕輕柔柔的，好像老是在替他人設想，
但實際上是個非常獨立可靠的人吧。
我也來幫忙。
謝謝－
梅洛平常雖然比較內斂，但在一個人的時候，作為主角也一點都不會顯得貧弱。

你有看到卡本內·弗朗嗎？
張望
沒看到。
你看到她的話，可以幫我跟她說一聲嗎？
我想把這本跟她借的書還她……
OK
哇！
給我。
搶走
這個女生是卡本內·弗朗，被全球各地使用的品種。
有趣嗎？那真是太好了。
那我下次再帶其他的書來。
本身是有一點樸素不起眼。
但卻有一股淡淡的複雜味道，
說到書，卡本內·蘇維濃，你在圖書館借的書已經超過還書日期嘍。
不由自主地立正站好。
啊，抱歉，明天就去……
還有一股明顯的酸味，
其實是一個深藏不露的厲害角色。
對於圖書館的書，她全部瞭如指掌唷！
因為我是圖書館委員。
包括借出狀況，全部都知道！
咦！那還真厲害耶。
你要讀讀看這本嗎？
請。
可以嗎？
嗯——這個對我來說是否太艱澀？
罪與罰

因為味道溫順，所以和強勁的品種們混合時，就會增添一層高雅與知性的色彩。
真是沒辦法跟妳比。
是啊。
卡本內·弗朗同學確實不起眼，但卻是這三人組之中缺之不可的……
她是負責協調的重要角色。
而且仔細一看，還是個美女。
對吧？
哦？
不是妳想的那樣啦！
嘿──原來她是你喜歡的類型。
對了，雖說如此，但在極少數的情況下，某些產地的卡本內·弗朗，會以單一品種的身分作為主角。
聖愛美濃地區
手藝社成員
具有覆盆子、紅豆湯、青椒等的香氣。
羅亞爾河區域
圍棋社成員
喝波爾多的葡萄酒時，如果慢慢地能喝出來裡頭放得最多的，是哪個品種的話，是一件很愉快的事。
原來如此。這款酒中，梅洛同學好強！像是這樣嗎？
急急
等一等──
忙忙
沒錯、沒錯。

砰！
啊，對不起～
她是榭密雍，說到波爾多的白酒，就會想到她。
她的特色是口感溫潤、柔滑。
對不起，因為我在趕時間……
獨自的時候，香氣和酸味都偏弱，
白蘇維濃，妳走得太快了啦。
是妳慢吞吞吧。
所以經常和白蘇維濃在一起。
賭氣—
快走吧——
過～分！
有甜型也有干型，但有名的是甜型。
甜型的話就是甜得黏膩！
Re：Re：Re：
今天好開心!!
明天換教室時，我們再一起去吧♥♥♥
午餐也要兩個人一起吃哦。>.<♥
這人不知道到現在是幾點嗎？
持久而濃厚的甜味，深深擄獲了品嘗者的心。
白蘇維濃這樣跟我抱怨過。
哇哦——

Médoc

法國波爾多區域的「梅多克地區」
喜歡波爾多的話，下次就試試「梅多克」。

以日本來打比方的話，波爾多區域的「梅多克地區」，就像是東京都內的中央區或新宿區或世田谷區。

因為是刻意標示出較小的範圍，所以——

Appellation Médoc（梅多克）Contrôlée

當然比

Appellation Bordeaux（波爾多）Contrôlée

——來得更加高級。

波爾多區域的葡萄酒給人的印象是厚重的，而梅多克地區的葡萄酒，又更加厚重，因此可以稱之為「道地波爾多」。梅多克的葡萄酒是混合了在國際上被稱為「波爾多名牌」的三大品種「卡本內・蘇維濃」「梅洛」和「卡本內・弗朗」，所以它的味道就連侍酒師也會覺得：「沒錯、沒錯，這就是紅酒的味道啊。」因此，能給人十分強烈的安心感。

尤其，「五大酒莊」中的四大【拉度酒堡】【拉菲酒堡】【瑪歌酒堡】【木桐酒堡】，都是建造於梅多克地區，這裡的葡萄酒當然十分受到歡迎。

但五大酒莊就像是汽車中的法拉利、保時捷，雖然具有頂級的知名度，卻也不是一般平民老百姓能買得起的，因此一般人只要能說「我知道五大酒莊」，也就夠了。

再說，我們也找得到比五大酒莊價格合理，又很好喝的葡萄酒。

其中一項尋找的標準是「村名葡萄酒」。在梅多克地區，有幾個著名的村子。可以標示在酒瓶標籤上的村名，有以下六個。

- 聖愛斯臺夫村（Saint-Estèphe）
- 波雅克村（Pauillac）
- 聖朱里安村（Saint-Julien）
- 馬爾戈村（Margaux）
- 里斯塔克村（Listrac）
- 慕里斯村（Moulis）

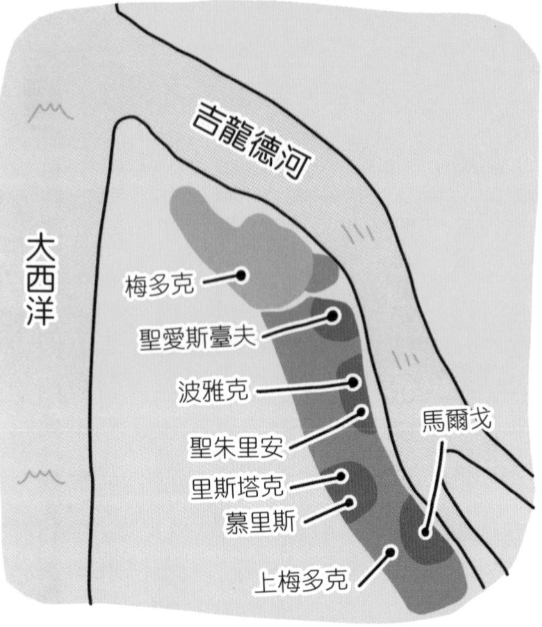
吉龍德河
大西洋
梅多克
聖愛斯臺夫
波雅克
聖朱里安
里斯塔克
慕里斯
上梅多克
馬爾戈

每個村的等級都很高，比方說，標籤上若是寫著：

Appellation Pauillac（波雅克村）Contrôlée

那就幾乎可以確定，這是一瓶價值一千多元以上的高級葡萄酒。所以，如果有人送你這個等級（標注村名）的葡萄酒，就請你立刻露出驚訝的表情說：「咦？送這麼高級的葡萄酒……」這麼一來，相信對方一定會一邊說著「哪裡，這其實也還好啦」，一邊暗自開心吧。

雖然高級，但又不到五大酒莊的程度，比起買廉價的波爾多，一直踩到地雷，還不如「想喝美味的波爾多時，就多花一點錢」——這是筆者個人的看法。

那麼，這些村鎮各自有什麼差別呢？

波雅克村是以【拉度酒堡】【拉菲酒堡】【木桐酒堡】而聞名，馬爾戈村則是以【瑪歌酒堡】聞名。而且不是一般的聞名，是聞名得不得了。

說到這些村鎮是否各有特色，如果你問我：「雖說是有名的村鎮，但當範圍縮小到村鎮這麼小的單位時，味道上真的會有差別嗎？」筆者的答案是：「我想應該是沒有。」

換言之，不管對葡萄酒再怎麼講究的大富豪，也不會說出：「今天晚上的心情，比較適合喝聖愛斯臺夫的葡萄酒，而不是聖朱里安的。」

到達這個層級時，已經不是要看土地的差異（葡萄的好壞），而是要看釀造者（酒莊品牌）的差異了。所以「今天感覺很想喝拉度酒莊的葡萄酒」這樣的情境是成立的，但「今天感覺很想喝波雅克村的葡萄酒」這樣的情境則是不可能存在的。

另外，梅多克地區南部、去除掉這六個有名村鎮的部分，則被標注為「上梅多克地區」（Haut-Médoc）。

因為這六個村子太出名了，所以上梅多克地區經常被說是「一個不容小覷的產地」，但既然有人這麼說，就表示不把這個產地放在眼裡的人，一定也不少吧。

無論如何，波爾多的美味度，是很顯而易見地與價格呈對等關係。

想要知道卡本內・蘇維濃×梅洛×卡本內・弗朗這三個品種組合的真正實力，就一定要喝一次村名等級的葡萄酒看看。

順帶一提，波爾多的話，筆者絕對只喝紅酒。雖然我個人不會喝波爾多的白酒，但瑪歌酒堡的【瑪歌堡白亭白酒】（Pavillon Blanc du Château Margaux）好喝得沒話說，不過價格也貴得沒話說。

Saint- Émilion

法國波爾多區域的「聖愛美濃地區」

喜歡梅洛的話，就試試「聖愛美濃」。

聖愛美濃地區的葡萄酒，大多是以梅洛為主體。

這個地區的分級是以「特級園」（Grand Cru）為上等等級，如果是標注「一級園」（Premier Cru）的話，又更高一級。

而站在分級的頂點上的，是【白馬酒堡】（Château Cheval Blanc）和【歐頌酒堡】

（Château Ausone）這兩大酒莊品牌，但它們葡萄酒的價格，一瓶都可以買一台電腦了，所以先不把它們放進來看的話，聖愛美濃地區給筆者的印象是**「價格還算合理，大約五百～七百多元，就能喝到美味的梅洛。」**所以，感覺上聖愛美濃地區就像是，想念梅洛時，可以輕鬆自在地光顧的夜店吧。此處也有梅洛和卡本內・弗朗混釀的酒款。兩者混釀時，更能牽引出梅洛豐富的滋味。想要喝美味的梅洛，筆者推薦價格合理的聖愛美濃地區。

順帶一提，聖愛美濃地區的分級制度，是「十年評估一次」，所以這裡的分級或許比梅多克地區的葡萄酒更值得信賴。

Sauternes

法國波爾多區域的「索甸地區」

想要過個怦然心動的夜晚，就用「索甸」來解放自我。

提到索甸，就會想到高級的甜型白酒。

除此之外，筆者皆不予置評。

此區是兩條河川匯流之處，兩河的河水溫差，會產生大量霧氣，進而促使一種叫做灰色葡萄孢菌（Botrytis cinerea）的黴菌生長，使葡萄脫水。

葡萄脫水後，糖分自然會提高，因而形成「貴腐」的狀態。

以此種貴腐葡萄所釀製出的甜型白酒，是極珍貴的「貴腐酒」，與德國的【枯葡逐粒精選】（Trockenbeerenauslese，TBA）、匈牙利的【托凱】（Tokaji），並稱為世界三大貴腐酒。

貴腐酒這個名字取得實在太好了。竟能取出「貴腐」一詞……真是太厲害啦。

喝上一口，那種感受是春情蕩漾、感官之樂、滿滿的熟女感。流過喉嚨時，也不會一成不變。它是一種味道不會直截了當，而是混雜著各種味道，同時又令人喝起來感到舒暢的葡萄酒。

Pomerol

法國波爾多區域的「玻美侯地區」

當好事降臨時，就用「玻美侯」來犒賞一下。

雖然地方不大，但因此區的土壤獨特，含有鐵分，因而孕育出了非常強勁的葡萄酒。此處畢竟是個狹小的地方，所以酒堡的數量也很少，但每一家的等級都很高，各個都是一時之選。

尤其著名的是【彼得綠】（Pétrus）和【樂邦】（Le Pin）這兩個酒莊品牌，但它們貴得不得了，世界頂級的貴，讓人連伸手去摸的欲望都沒有。我們還是以鑑賞美術品的心情，陶醉地眺望著在玻璃展示櫃中，受到戒備森嚴的保護的彼得綠殿下就好了。

某些日子，像是盂蘭盆節（夏季八月中為了祭祖靈而舉行一連串活動的節慶，此時會有夏季煙火，以及供民眾一起跳盆舞的盂蘭盆會，氣氛十分熱鬧）或過年期間來臨時，會讓人不禁想興奮地大喊：「我想喝超好喝的葡萄酒！」這時候，如果用出手闊綽地一次買下整套漫畫般的心情，購買玻美侯的話，或許也是不錯的選擇。

順帶一提，玻美侯地區的葡萄酒中，雖然也有價格合理，只要七百多元的酒，但筆者既沒喝過，也沒興致去喝（因為我覺得，既然要喝玻美侯，那就該喝好一點的……），因此無法在這裡詳細說明。對不起，我就是這麼差勁的侍酒師。

Graves

法國波爾多區域的「格拉夫地區」

「就是想喝喝波爾多的白酒」時，非「格拉夫」莫屬。

格拉夫是「礫石」之意，格拉夫地區是屬於沙石土地，排水性好，味道爽口，整體上來說白酒的技高一籌。

你可以試著在葡萄酒吧裡，對老闆說：「我喜歡格拉夫的白酒。」「那種礦物質（礫石）的感覺，真是教人無法抵擋。」這時候，你就散發出一種「內行感」，或許老闆就會對你說：「會選擇格拉夫，是個行家哦。」而且，他絕對不會在心裡暗忖：「這傢伙裝什麼內行！」

只是，較之於波爾多的梅多克等地區，這裡的重要度確實較低。

實際上，格拉夫地區應該也是一塊偉大的土地，但大多數葡萄酒愛好人士，包括筆者，抱持的印象是「格拉夫不太起眼……」

不過，在格拉夫地區，倒是有八個村鎮令人不得不甘拜下風。

就像日本推理小說《八墓村》一樣，這八個村鎮所構成的土地，被稱為「貝沙克－雷奧良地區」（Pessac-Léognan）。五大酒莊之一的紅酒的【侯貝王酒堡】，就是誕生自貝沙克－雷奧良地區。侯貝王酒堡破例被選入梅多克地區所建立起的分級制度中，於是成為只有五款的波爾多一級品中的其中一款。

為何會發生這般奇蹟？背後有一則這樣的逸事：

拿破崙戰爭法國敗北後，法國的外交官在處理戰後問題的維也納會議上，以美味的法國菜及侯貝王酒堡的葡萄酒，招待各國首腦。

傳說，此舉大受青睞，最後各國才達成了共識：「一個能釀造出如此美味葡萄酒的國家，沒有必要摧毀吧？」

因此，侯貝王酒堡獲選為五大酒莊的主因之一，據說就是因為它拯救國家，成了揚名全球的傳奇性社交葡萄酒。遇到人生中重大的關鍵場面時，不妨也試著以侯貝王酒堡招待賓客吧。

法國 勃艮第區域

Française Bourgogne

經驗值提升後，就試著品嘗「勃艮第」。

說到勃艮第，就想到優雅脫俗的紅酒。
瓶身呈斜肩
終於輪到我出場了……
黑皮諾
同樣是勃艮第，其中仍包含了形形色色的葡萄酒。
就連「果園」不同，都能使葡萄酒發揮不同的個性。
不同的果園
正因如此，好不好喝的差異也很大，
所以盡可能選擇1000多元以上的酒款為佳。
蛤？有事嗎？
其最大的魅力當然是「香味」。
好好享受她複雜的香味變化吧！
背脊一涼
紫花地丁
松露
嗅嗅
覆盆子
玫瑰
嗅嗅

正如日本的兩大吉祥物是，熊本縣的「熊本熊」（Kumamon），以及我們千葉縣船橋市的英雄「船梨精」（Funassyi），而世界兩大葡萄酒產地正是，法國的波爾多區域，以及接下來所要介紹的勃艮第區域。

勃艮第區域從羅馬時代起，就有修道士們來此開墾，開闢出令人讚嘆的葡萄果園。過去，孕育出偉大的葡萄酒的果園，幾乎都是由修道院所持有。

一聽到是修道院在釀酒，給大家的印象可能會是，工作起來一絲不苟，釀製出的酒也很難以接近的感覺。實際上，他們所釀造出的酒，確實少有充滿水果感的「易懂的美味葡萄酒」，大多都是喝的人需要有舌頭經驗值，才能體會的「難懂的美味葡萄酒」。

而勃艮第葡萄酒好不好喝的差異極大。

比起波爾多，勃艮第的各個生產者所擁有的果園，土地都十分狹小，因此價格「偏貴」是正常的，但光是用「勃艮第葡萄酒」這六個字就會很好賣，所以高品質的葡萄酒中，還是免不了會混入劣質的便宜貨。

坦白講，便宜的勃艮第，大部分都不好喝。如果你買了一瓶兩百～五百多元的勃艮第，那奉勸各位先做好會很難喝的心理準備。

尤其，筆者身為**黑皮諾**的粉絲，更不希望各位是因為一時大意，買了便宜的勃艮第，而對**黑皮諾**感到失望。

第一次嘗試勃艮第時，最好是買一千多元以上的好葡萄酒，才能充分享受到**黑皮諾**真正的魅力，以及「勃艮第這塊土地的美妙之處」。

不過，在還沒喝慣葡萄酒時，即使喝到的是優質的勃艮第葡萄酒，我想也很難掌握其魅力，所以勃艮第也可以留待「舌頭轉大人」之後，再來好好享受。反過來說，**當你喝得出勃艮第的好時，或許就表示你已擁有「大人的舌頭」了。**

提到勃艮第的魅力，首先不能不說的就是「香味」。

喝勃艮第時，與其說是在品嘗味道本身，不如說是享受香味在時間推移中，**稍縱即逝的那種複雜的表情變化。**

說得極端一點，甚至每喝一口，都能產生一些些細微的變化。

為勃艮第製造出如此細膩個性的，就是「果園」。

說到勃艮第，就會想到「果園」，雖然栽種葡萄的場所，實體上來說十分狹小，但好的果園卻能有著非常顯而易見的個性。甚至連相鄰的果園，都會種出完全不同的味道。

因此，在AOC（AOP）分級制度中，比「區域名」→「地區名」→「村名」還要更高一階的頂尖等級，就是以「果園名」來表示。

換言之，勃艮第的分級是，標示「果園」的葡萄酒才是最高等級，就算是一塊只有校園大小的果園，其「獨特性」依然能得到認同。

波爾多的釀酒廠稱為「酒堡」，勃艮第的生產者則是分成兩種，一種是用自己的「果園」所收成的葡萄進行釀製，這種小型生產者稱為「酒廠」（Domaine）；另一種是向多個農家購買葡萄來釀造，這種大型生產者稱為「酒商」（Négociant）。

一般而言，酒廠釀製的葡萄酒，較容易展現出獨特個性，酒商釀製的葡萄酒則是缺陷較少。較受大眾青睞的是酒廠，當然這也會反映在價格上。購買勃艮第時，可以此為參考。

Point 品嘗看看不同的果園所帶來的不同風土條件（土地的獨特個性）。

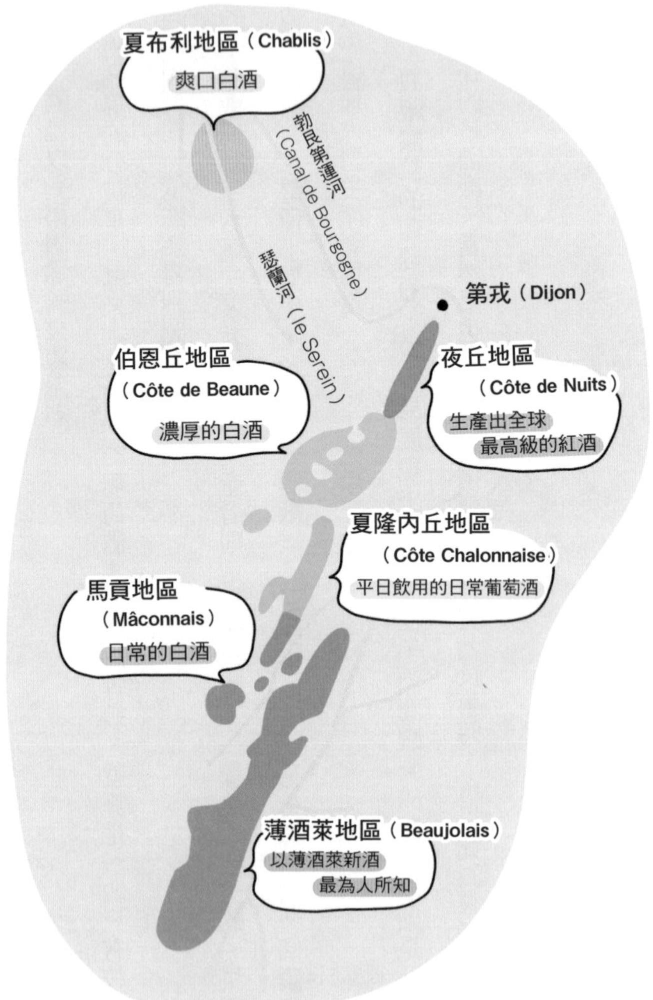
夏布利地區（Chablis）
爽口白酒
勃艮第運河（Canal de Bourgogne）
瑟蘭河（le Serein）
第戎（Dijon）
伯恩丘地區（Côte de Beaune）
濃厚的白酒
夜丘地區（Côte de Nuits）
生產出全球最高級的紅酒
夏隆內丘地區（Côte Chalonnaise）
平日飲用的日常葡萄酒
馬貢地區（Mâconnais）
日常的白酒
薄酒萊地區（Beaujolais）
以薄酒萊新酒最為人所知

法國
勃艮第區域

Française Bourgogne

【主要品種】

夏多內

白

和藹可親、大家的偶像。風味會隨產地與釀造者的不同，而產生大大的改變。

黑皮諾

紅

有著令人難以親近的高貴與美麗。帶有玫瑰花香，加上紅色水果的滋味。

加美

紅

天真無邪又任性的小女孩。以薄酒萊廣為人知，帶有草莓香的即飲型酒款。

校慶園遊會
熱熱
哦——好熱鬧。
鬧鬧
學園偶像票選終於來到最後階段了！
進入決勝的是這兩位！
鮮紅的玫瑰是冰山美人的標誌！以高潔之姿讓眾人一一拜倒在石榴裙下的黑皮諾～！
真是吵鬧，能不能稍微安靜些？
哦哦哦哦哦哦哦
大家好！謝謝你們的支持～☆
在全白的畫布上，畫上你的顏色吧♡受到大家肯定、愛戴的偶像夏多內～！
哇啊啊啊啊—夏～多～內～
大家好狂熱啊！
！
黑皮諾
店員小姐，妳還好嗎？
啊—
夏多內我愛妳
被壓扁……
天哪—
店員小姐！

呼——
我差點在葡萄酒界毀滅前，先歸西了！
變回來
不要開這種玩笑！
不過還真是歡聲雷動啊。
哦哦哦哦哦哦哦哦
因為她們兩人太受歡迎了。
勃艮第的葡萄酒多數都是單一品種，其中的絕大部分，就是黑皮諾和夏多內。
我們根本沒有出場機會。
其他的品種們
那也沒辦法——
其他品種可能沒有什麼出場機會。
紅酒的黑皮諾，正是所謂的冰山美人。
那麼，我就來高歌一曲。
黑皮諾同學要為各位帶來的是〈♪討厭的東西就是討厭〉。請～！
黑皮諾女神！
哦哦哦哦
她的拿手歌曲！
哦哦哦哦
因為對於果園的土地、氣候很挑剔，所以是個非常難栽種的品種。
因為只要狀況不同，有時會使黑皮諾變得糟糕，有時則會使黑皮諾變得高貴，
好像對音響不是很滿意……
咦？
吱吱喳喳……
開口了！
拿出真本事的黑皮諾，只能用女神來形容！
所以，真正高貴的黑皮諾，十分稀少，也非常有價值。

以上就是黑皮諾同學為我們帶來的歌曲～！
掌聲
掌聲
哦哦哦哦哦哦哦
好精采。
贏定了吧。
迎面
走來
擦身……
掉落
她的第一印象是細膩，且粗澀味（單寧）、水果味都很微弱，又有著恰到好處的酸味！
一股香味……
墜地……
她的身上帶著覆盆子、紫花地丁、皮革、松露、香草等等極為複雜的香氣……
不、不好意思……妳掉了這個。
怯生生……
謝謝。那朵花就當作謝禮送給你了。
微笑……
經過長長的餘韻之後，會留下一股夢幻般的玫瑰花香。
起風
哎呀……
迷上她了。
看來是迷上她了。

白色的夏多內是受到眾人愛戴的人氣王。
來到最後了！夏多內同學將為我們帶來〈♪Pure Pure☆White〉！請！
大家！準備ＯＫ了嗎？
和黑皮諾相反，個性十分率真，能融入任何環境。
Ｏ－Ｋ－!!
我要點名嘍！首先是～
學生會～！
有－－!!
回家社～！
耶－－
動漫社～！
啊啊啊啊啊啊
嗚哇啊啊啊啊
LOVE
愛
夏多內無論到了哪裡，都不會出問題！
竊竊私語
真是個好女孩……
悄悄話
以上就是夏多內同學的表演！謝謝～！
啊
好強大的帶動能力……
稍待一會兒，我們將揭曉結果！
掌聲
掌聲
掌聲
掌聲

辛苦了——
辛苦了——
無論在什麼地方都能自我發揮的夏多內。
對不起，沒有幫忙顧店！我回來幫忙了！
3班
乾淨
班
在寒冷的勃艮第，以夏多內為首的品種，會變成非常可靠（味道鮮明）的白酒。
俐落
歡迎光臨～☆
配料
堅果
奶油
3班
西洋梨
蘋果
香草
蜂蜜
咦？是剛剛的……？
有時，會根據使用的木桶和發酵的方式不同，而產生西洋梨、蘋果、奶油、香草、堅果、蜂蜜等各種不同的甘甜香味。
配料算我們請你！
3班
糖漿全部都是手工製作，冰塊是請冰店幫我們做的。
用純水做的
3 班
而且，我們選了能把冰塊刨得很細、吃起來口感很好的刨冰機唷！吃起來不容易感到頭痛。
人非常開朗又容易親近，但其實，感覺上也是個相當聰明的女孩……
而且還是個偶像……
謝謝光臨！
這一點也是她受到全球葡萄酒愛好者青睞的原因。
冰冰涼涼

偶像選舉好像要開始揭曉冠軍得主了！
快去看——
我們也一起去看吧。
砰！
哇！
好痛
小朋友!?
對、對不起！小妹妹，妳還好嗎!?
!?
過——分
沒禮貌！不要把我當成小朋友！
這個女孩也是勃艮第的品種，叫做加美。
她的風味像是帶有草莓味的糖果。感覺像個有點小大人的姪子。
加美！不可以跑出來啦！不是還沒解禁嗎！
欸？連園遊會都不能參加嗎？小氣鬼！
聽說，那個有名的「薄酒萊新酒」，全部都是加美的單一品種。
結果揭曉好像已經結束囉！
那個薄酒萊！就是那個女孩？
不要，我還要玩！我要吃棉花糖！
啊！結果揭曉！
以上就是選舉結果，謝謝各位!!
至少也要知道結果——
急急
忙忙
雙冠軍!!
雙冠軍!
啊——……——

Française
Bourgogne Chablis

法國勃艮第區域的「夏布利地區」

既然要喝「夏布利」，就要選比一級園更高級的。

夏布利是世界一流的典型的「干型白葡萄酒」。

之所以受到萬人愛戴，或許是因為它具有穩定感的味道吧。但夏布利也有分成各種不同的葡萄酒，味道也是有好有壞。如果以為只要是夏布利就沒問題，那你有可能會在喝了之後失望地想說「夏布利也不過爾爾」。

請確認瓶身標籤。若是最上等的酒款，就會寫上「特級園」（Chablis Grand Cru），次一級是「一級園」（Chablis Premier Cru），然後是普通的「夏布利」（Chablis），最低的等級是「小夏布利」（Petit Chablis）。雖然「小夏布利」聽起來既可愛又帶有一種甜甜的氛圍，但它的味道完全不是這麼一回事。

筆者個人是「推薦喝一級園以上的夏布利」，與其喝普通的夏布利或小夏布利，還不如選擇其他的干型白酒，比較不會出錯。一級園很貴？那當然。夏布利貴一點才是正常的，便宜的反而啟人疑竇。夏多內是白酒的最重要品種，而夏布利則是讓**夏多內**發揮到淋漓盡致的舞台。

因此，希望不會有人用「先上個啤酒再說」的那種滿不在乎的心態，說出「先上個夏布利再說」之類的話。

順帶一提，經常聽人說「夏布利和牡蠣很搭」，但法國的牡蠣和日本的牡蠣品種似乎不太一樣，所以配上夏布利的話，反而會讓牡蠣吃起來有一股腥味。夏布利最好能跟簡單的食物搭配，像是跟用胡椒鹽、檸檬、橄欖油調味的生白肉魚片搭配，就十分適合。

Côte de Nuits

法國勃艮第區域的「夜丘地區」

如果喜歡黑皮諾，就該試一次「夜丘地區」。

此處可說是葡萄酒的頂尖產地之一。

勃艮第區域之中的夜丘地區和伯恩丘地區，兩地合稱為「科多爾」（Côte-d'Or）。「科多爾」的Côte是「山丘」之意，「d'Or」是「黃金」之意，換言之，Côte-d'Or意指「黃金之丘」，這裡是孕育出世界最高級品的產地。「黃金之丘」表面上的意思是「在陽光照射下，染成一片金黃色的山丘」，但另一方面或許是人們自古就知道，這裡是「能點石成金的山丘」。

這塊絕佳的土地，讓最頂尖品種的黑皮諾，不但能在不同的果園中發揮出自己的獨特性，還能在經年釀製的過程中，積累出芳醇無比的香氣。

筆者在種種機緣之下，有幸喝過**【拉塔希園】**（La Tâche）和**【麗須布爾】**（Richebourg）這兩種葡萄酒，那感覺真的就像在喝液體狀的黃金。

夜丘地區之中，有幾處村鎮的葡萄酒都十分稀有，這些酒雖然在日本的泡沫經濟時代裡大受吹捧，但大多都是真正偉大的葡萄酒，而非虛有昂貴的價格而已。

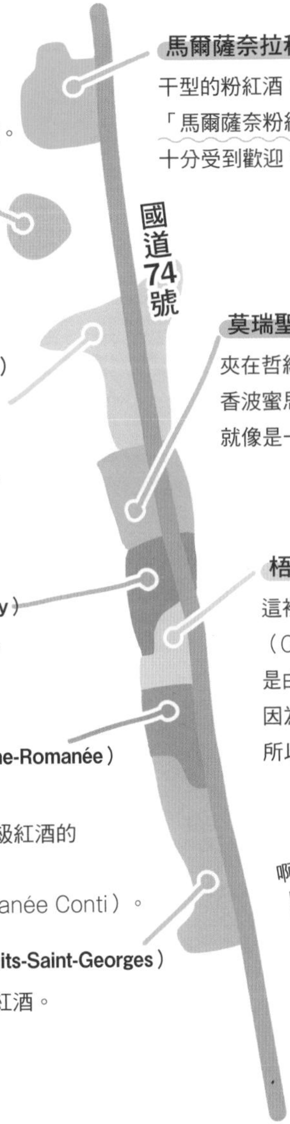
國道74號

馬爾薩奈拉科特村（Marsannay-la-Côte）

干型的粉紅酒（Rosé）的
「馬爾薩奈粉紅酒」（Marsannay Rosé）
十分受到歡迎。

菲尚村（Fixin）

生產的幾乎都是黑皮諾的紅酒。
此處的酒以陳釀為前提。

哲維瑞香貝丹村
（Gevrey-Chambertin）

夜丘地區裡最大的村鎮。
此處的特級果園高達9座，
因此在販賣葡萄酒的地方，
經常能看到此處的酒。

莫瑞聖丹尼村（Morey-Saint-Denis）

夾在哲維瑞香貝丹村和
香波蜜思妮村之間，
就像是一個得到兩者優點的村鎮。

香波蜜思妮村
（Chambolle-Musigny）

具有透明感的清澈紅酒。

梧玖村（Vougeot）

這裡的「梧玖莊園」
（Clos de Vougeot），
是由70多人分別擁有的超有名果園。
因為擁有者多，
所以品質恐怕也良莠不齊。

馮內侯瑪內村（Vosne-Romanée）

得天獨厚的村鎮。
這裡有孕育出全球最高級紅酒的
「羅曼尼・康帝酒廠」
（Domaine de la Romanée Conti）。

夜聖喬治村（Nuits-Saint-Georges）

濃烈而酒體厚重的紅酒。

啊—
舌頭都
快打結了……

Côte de Beaune

法國勃艮第區域的「伯恩丘地區」
廉價的珍品要在「伯恩丘」尋找。

這裡的蒙哈榭村，就是眾所周知的高級白酒**【蒙哈榭】**（Montrachet）的生產地。

蒙哈榭的白酒和夏布利一樣，品種是使用夏多內，但比干型爽口的**夏布利**更加濃郁，有著強勁的木桶和水果香，味道濃厚。

此外，夏布利畢竟只是用來襯托餐點的，但蒙哈榭單獨喝也很好喝。所以蒙哈榭最好能等到溫度稍微高一點再來品嘗。

伯恩丘地區有好幾個村鎮，因為數量眾多，筆者認為，除了蒙哈榭以外，並不需要特別去記。只要讓自己對這些村名有個印象，實際上聽到時，可以說出「啊，那是伯恩丘地區的村鎮嘛」，就很有時尚感了。看在完全不懂葡萄酒的人眼裡，說不定還會覺得你是個對地理知之甚詳的人，而肅然起敬呢。

佩南維哲雷斯村（Pernand-Vergelesses）

因為此處是默默無名的村鎮，
所以相對其品質來說，
價格不會太高，
十分推薦！

薩維尼伯恩村（Savigny-lès-Beaune）

細膩度與水果感十分協調的優雅紅酒。

玻瑪村（Pommard）

只有產黑皮諾的紅酒。

梅索村（Meursault）

礦物質感豐富的白酒。

松特內村（Santenay）

幾乎都是產黑皮諾的紅酒。
最有名的是「格拉維爾園」（Les Gravieres）。

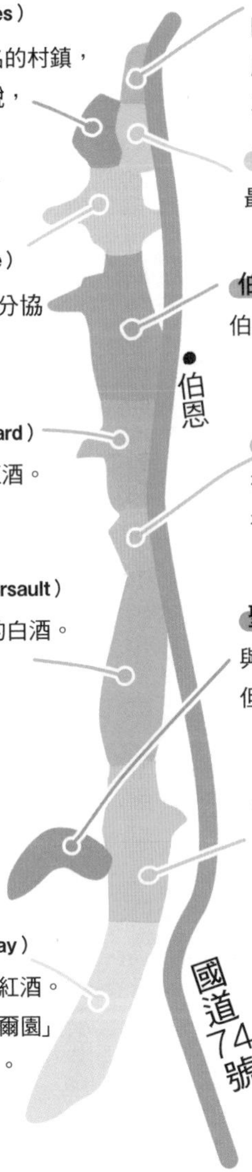
伯恩
國道74號

拉都瓦塞爾里尼村（Ladoix Serrigny）

因為是默默無名的村鎮，
所以即使是高品質的葡萄酒，也不是那麼貴。
其中或許有廉價的珍品！

阿羅克斯高登村（Aloxe-Corton）

最有名的是「高登查里曼」白酒（Corton-Charlemagne）。

伯恩村（Beaune）

伯恩丘地區最大的村鎮。

渥爾內村（Volnay）

複雜而細膩的紅酒。
被認為是勃艮第葡萄酒中最「女性化」的一款葡萄酒。

聖歐班村（Saint-Aubin）

與蒙哈榭村相鄰，生產優質的白酒，
但因為規模小，所以價格也較划算。

蒙哈榭村（Montrachet）

感覺上比夏布利更加濃郁的白酒。
分為普里尼蒙哈榭（Puligny-Montrachet）和夏山蒙哈榭（Chassagne-Montrachet）兩地，味道有著微妙的不同。

好像能找到廉價珍品……

Beaujolais

法國勃艮第區域的「薄酒萊地區」

薄酒萊要試試「新酒」以外的葡萄酒。

只要是有喝葡萄酒的日本人，一定都知道【薄酒萊新酒】吧。

薄酒萊新酒就是薄酒萊地區的新酒（Nouveau），其解禁上市的日子為每年十一月的第三個星期四。也許是因為薄酒萊葡萄酒，最對日本人的味，再加上國際換日線的關係，使得日本成為能最早喝到薄酒萊新酒的國家，所以解禁日在日本似乎已經成了一個慶祝日。

日本人對薄酒萊太過熟悉，搞不好對日本來說，薄酒萊才是最著名的葡萄酒產地。

薄酒萊使用的品種為加美，這種可以在一般休閒場合飲用的葡萄酒，在勃艮第葡萄酒中是很罕見的。

但薄酒萊新酒帶給人的印象太根植人心，甚至有許多人會認為：「薄酒萊就是不怎麼好喝的那種葡萄酒。」

新酒確實是以整粒葡萄釀製，且釀造期間短，所以很容易一喝就讓人感覺到青澀味與酸味。但我們也可以說，正因如此它才能呈現出美麗的紅寶石色澤，並讓人享受新鮮的水果味。

薄酒萊並非只有新酒而已。

請試試看一般的薄酒萊葡萄酒，希望各位也能嘗嘗看加美的草莓風味，若要將那草莓風味形容得更精確一點的話，應該就是如同草莓糖果般的甜蜜滋味。

當筆者品嘗薄酒萊葡萄酒時，有時就像坐在長椅上，帶著微笑遠遠眺望著在公園裡天真地奔跑嬉戲的女童，那是一種讓人心中充滿悸動與惆悵的感覺。當然，筆者絕對沒有戀童癖。

法國
香檳區域

Française Champagne

要送香檳就送有名的酒款。

根據嚴格的規則所製造出來的香檳，
是發泡性葡萄酒中的
國王。
義大利的
氣泡酒
你就是冠軍
西班牙的
卡瓦
兼具細膩與高雅的香檳，主要使用了
三個品種。
皮諾．莫尼耶
黑皮諾
夏多內
她們被相親相愛？地混釀在一起。
100%使用夏多內的香檳，稱為「白中白」。
100%使用黑皮諾的，稱為「黑中白」。
兩者都很高級!!
如此特別
的香檳，
請在特別的日子裡，
送給特別的那個人。

這裡正是「香檳」的產地。那種會變成香檳塔，化作一夜美夢，如夢幻泡影般消失的發泡性葡萄酒。

正如各位所知，在眾多發泡性葡萄酒中，只有香檳區域所生產的，才能標示為「香檳」。

那麼，香檳和其他發泡性葡萄酒有何不同呢？比起其他發泡性葡萄酒，香檳在品種、釀造期間、碳酸的強度等規定上，都十分嚴苛。

直截了當地說，就是到了吹毛求疵的地步。甚至會一家一家地進行檢查生產者的組織團體。所以，劣質的香檳或碳酸氣體含量低的香檳，不存在於這個世界上。

其他發泡性葡萄酒，還包括西班牙的卡瓦（Cava）、義大利的氣泡酒（Spumante）等等，但我們可以確定的是「所有發泡性葡萄酒中，香檳是最強的！」

葡萄酒是規則定得愈嚴苛，品質就愈高。至少香檳在嚴格的規則把關下，都會達到一定的水準，所以不可能不好喝。

香檳的原料包括夏多內、黑皮諾、皮諾·莫尼耶，而皮諾·莫尼耶是釀製香檳時的次要輔助品種。香檳幾乎只會使用到這三個品種。

其中，只有使用夏多內釀造者，會標注「白中白」（Blanc de Blancs），意指「使用了白葡萄的白酒」；只使用黑皮諾釀造者，則會標注「黑中白」（Blanc de Noirs），意為「使用了黑葡萄的白酒」。白中白帶有清新爽口感，黑中白則是十分濃厚。兩者皆為高級品。

順帶一提，如果有人問：「哪一款香檳你比較推薦？」筆者就會反問：「你要用來做什麼的？」

如果是送禮用，那筆者會毫不猶豫地推薦你【香檳王】【酩悅香檳】（Moët & Chandon）或【凱歌香檳】（Veuve Clicquot）。

「咦？每一種都太主流了一點吧？」或許你會這麼想。

筆者認為，一般來說，香檳是慶祝用的酒，也是帶有喜慶之意的酒。無論是在法國，或在其他世界各地，相信都是如此，所以開瓶的時候，與其讓別人看到名不見經傳的牌子，還不如讓大家看到大名鼎鼎的香檳王，這麼一來，大家一定會在驚呼著「哦！香檳王！」的同時，情緒也跟著愈來愈高亢。

香檳其實就好比花束。所以，盡量用盛大的派頭，讓對方一眼就知道，這是「慶祝用品」，不是比較好嗎？

不過，如果你想要表現出「更上一層樓」的感覺，那麼筆者也推薦【庫克香檳】（Krug）。

另外，如果是想要像個成熟的大人般，細細體會香檳的魅力，那筆者就推薦【歐歌利屋】（Egly Ouriet）這支味道細膩而有深度的香檳。

這些香檳一瓶的價格，都可以輕易地買下兩、三片電玩遊戲片，所以為重要的對象「砰」地打開瓶塞時的快感，是難以言喻的。除了在牛郎俱樂部裡，留連忘返的單身上班族女性外，我希望這種快感也能讓其他更多人體會到。

Point 香檳是為某個人的人生獻上的花束。

香檳的瓶身標籤上如果寫著
「NM」（Négociant-Manipulant），
就代表味道穩定，具有品牌力。適合當作贈禮。

如果寫著「RM」（Récoltant manipulant），
就代表這只有使用自家果園的葡萄，釀製葡萄酒的小型生產商。

小規模生產的葡萄酒，製造過程講究且富有個性。
適合葡萄酒通品嘗！

法國
隆河丘區域

Française Côtes du Rhône

當你想要享受悠閒時光時，就用「隆河」來舒緩身心。

隆河多為不拘於形式，
散發出自由氛圍的葡萄酒。
抬頭挺胸
吊兒郎當
北隆河經常使用的品種為
哇哈哈哈
等等
希哈
維歐尼耶
辛香料氣味加上溫和感的混釀。
南隆河則是格那希。
這是我努力釀造的，
請喝喝看
我的葡萄酒……
心動……
格那希
無須拘謹，而能咕嚕咕嚕地大口吞下肚，
適合在想放鬆時飲用。
啊 — 總覺得
好像待在阿嬤身邊
的感覺……
心情真平靜 —

打算喝法國葡萄酒時，也可以忽略主流的波爾多或勃艮第，刻意選擇隆河的葡萄酒。

從這裡開始，大家應該漸漸開始產生一點「身為葡萄酒通」的自覺了吧？

在波爾多和勃艮第之間做選擇，感覺類似「在柳橙汁和葡萄柚汁之間做選擇」，可以用偏好哪一種味道來挑選。

但隆河就不是這麼一回事了。以飲料為比喻的話，隆河就像是「自動販賣機」。一般的自動販賣機裡，有茶、有咖啡、有果汁，所以我們在挑選時，不太可能會想：「今天就不投可口可樂的自動販賣機，改投三得利的自動販賣機好了。」也就是說，從味道的差異上來看，隆河這個地方生產的葡萄酒，就是這麼廣泛地概括各種味道。

所以，一般來說，你不會「因為它是隆河而喝」，而是會因為它使用了你喜歡的品種，或是出自你喜歡的牌子，所以才剛好選上隆河。

隆河整體上來看，比起波爾多或勃艮第，更能在輕鬆的時刻享用。

這是因為整體上隆河都不受規則或傳統拘束，有一種大而化之的風格，味道也千變萬化。這裡還生產許多自由奔放，不採用AOC（AOP）規範的「自然派葡萄酒」。

隆河葡萄酒的酸味和水果味都不那麼明顯，是一種帶著悠閒氛圍的鄉下老奶奶般的滋味。

這一點對於喜歡自然派葡萄酒的人來說，或許是十分具有魅力。

既有著「易懂的美味」，價格也很便宜。可以咕嚕咕嚕地大口暢飲，也不會喝到累，因此要在假日從較早的時間就開始喝，或是要跟許多人聚在一起喝時，都很推薦。

此外，隆河就像大阪的中心部一樣，分成南北兩地。

北隆河區域經常使用的品種為希哈和維歐尼耶。紅酒若只使用希哈的話，辛香料味就會太重，所以會摻入一點維歐尼耶，以增添溫和感。這樣的組合釀出來的酒十分好喝，所以新世界中也有些產地，會模仿這種製作方式。因此，若看到混釀希哈和維歐尼耶的新世界葡萄酒時，可以試著自言自語地說：「這是有意要學隆河吧。」這麼一來，或許你就能愈來愈感覺到，自己是個葡萄酒通。

順帶一提，希哈在澳洲被改名為「希拉茲」，且十分盛行。但若要品嘗搭配維歐尼耶的組合的話，筆者建議還是絕對要選北隆河的葡萄酒。

另一方面，南隆河區域經常使用的品種是格那希。

因為格那希的個性較強，所以相較於北隆河，南隆河就會有一種土氣未脫，或說是鄉村的味道。

那種感覺就像，村民在忙完農事之後，像打醬油那樣，買了一公升左右未分裝的葡萄酒，不是瓶裝的酒，然後帶回家搭配晚餐飲用。

這種能帶來心情放鬆的感覺，不也是葡萄酒的魅力之一？

事實上，南隆河有許多廉價的珍品，尤其價格親民又美味的白酒更是多不勝數。別抱著太大的期待，以隨興的心情去挑選，反而能成為一種愉快的經驗。

隆河丘區域的葡萄酒釀製，整體上不受一般規範束縛，而能自由揮灑，筆者就很喜歡這樣的感覺。可以感受到他們企圖用自己的創意發想，努力製造出美酒的氣概。

Point 樸實溫和的味道，讓人放鬆身心。

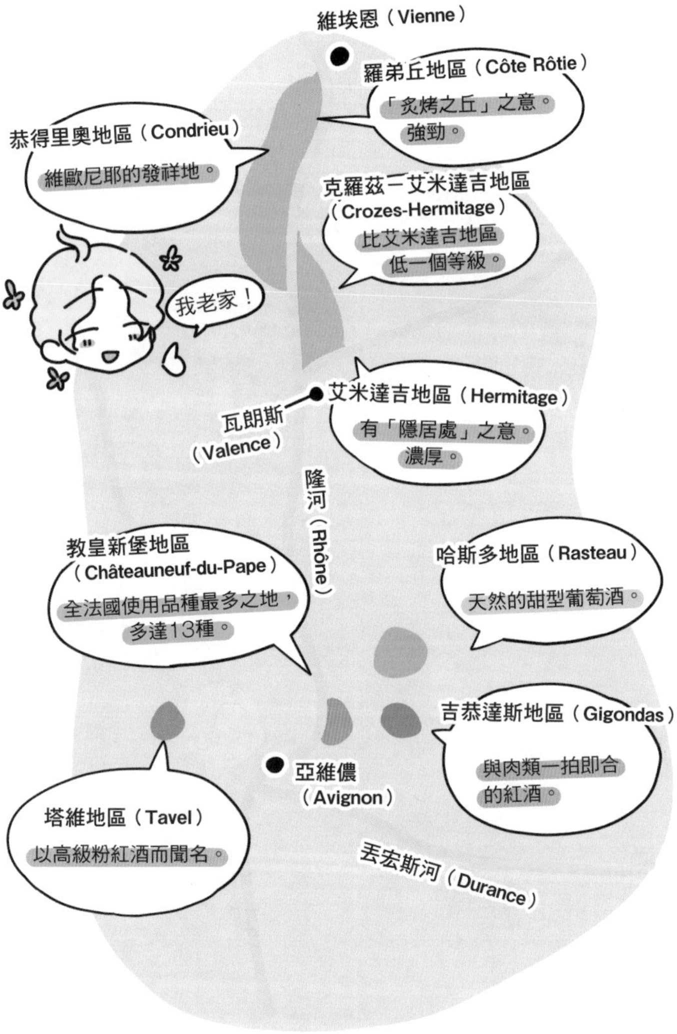
維埃恩（Vienne）
羅弟丘地區（Côte Rôtie）
「炙烤之丘」之意。
強勁。
恭得里奧地區（Condrieu）
維歐尼耶的發祥地。
克羅茲－艾米達吉地區（Crozes-Hermitage）
比艾米達吉地區低一個等級。
我老家！
艾米達吉地區（Hermitage）
有「隱居處」之意。
濃厚。
瓦朗斯（Valence）
隆河（Rhône）
教皇新堡地區（Châteauneuf-du-Pape）
全法國使用品種最多之地，多達13種。
哈斯多地區（Rasteau）
天然的甜型葡萄酒。
吉恭達斯地區（Gigondas）
與肉類一拍即合的紅酒。
亞維儂（Avignon）
塔維地區（Tavel）
以高級粉紅酒而聞名。
丟宏斯河（Durance）

法國
隆河丘區域

Française du Rhône

【主要品種】

格那希

紅

土氣未脫的鄉下姑娘，但未來充滿無限可能。帶有草莓果醬與黑胡椒的香氣。

胡姍

白

總是在幫忙馬姍的照顧者。有著如蜂蜜、杏桃般的精緻香氣。

希哈

紅

朝氣蓬勃又調皮搗蛋，是大家的開心果。具有辛香料氣味，口感厚重。

馬姍

白

因體弱多病無法踏出家門，而變成一個大宅女。酸味雖低，實際上卻有著馥郁的香氣。

維歐尼耶

白

天真爛漫的天然呆帥哥。白色花朵般的香氣與獨特的水果風味，令人愛不釋手。

吵吵
鬧鬧
上啊！撂倒他！
是在對決什麼嗎？
卡本內・蘇維濃同學和……
用力……
一個女生？
這個女生是北隆河的希哈。
加油！
加油！
今天我投降。
贏了！
在力量的強勁上，希哈可是不輸給卡本內・蘇維濃的。
啊哈哈哈
真好玩！下次再來比比看！
希拉！我們到中庭去玩捉迷藏！
像胡椒一般辛辣而強勁，充滿野性。
好哇
希拉還真有活力。
喘吁吁
希拉雖然很頑皮搗蛋，
我來接您回去了。
但經過充分發酵後，味道就會變得十分優雅。
沒錯，她其實是一位富家千金。

開始上課嘍。
希拉到哪裡去了？
老師
老師，希拉在中庭爬樹。
又搞這一套……
維歐尼耶，不好意思，拜託你了。
起身
好的。
他身上總是帶著一股香味耶。
熱帶水果的香味
他是維歐尼耶。
希拉～
要上課嘍，快點回來—
芒果、鳳梨般的味道，還有花朵般的香氣。
很危險唷
維歐尼耶呀！小鳥破蛋而出了！
你要不要也來看？
口感上，酸味不明顯，溫和而容易親近。
希拉，
剛出生的小鳥被人家偷看的話，牠們可能會嚇到哦。
暫時讓牠們安安靜靜地待在那裡吧。
……
……說得也是。
對啊。
對啊。
和維歐尼耶混釀後，希拉也會變得溫馴起來。
回教室吧。
嗯。

沙
沙沙
嘿——
!
啊，我也幫忙。
格那希！我幫妳吧。
希拉，謝謝……不過，不要緊！是我自己要掃的……
用一句話來形容格那希的話，那就是「南部的鄉下姑娘」。
真的嗎？
因為原產於西班牙，所以是個耐乾燥、耐高溫，糖分和酒精濃度容易升高的品種。
……
該怎麼說呢？
感覺上樸素而善良，但又帶有一種氣質……
啊！我在想些什麼……
我還是想幫妳忙！我可以做什麼？
……真的嗎？那地板就……
單一品種的話，會有一種土氣未脫的感覺，但加上頑皮的希拉後，就會充分展露出粗澀味（單寧）和酸味，酒精成分也會得以緩和。

哇！文得獎啦？真不愧是胡馬雙人組！
漫畫新人獎揭曉!!
胡姍和馬姍兩個人都很纖弱。但當兩人聯手時，就能互相補足彼此的缺點，變成美味的葡萄酒。
胡姍體弱多病，味道雖強，但過酸，不適合單一釀製。
好高興！
努力沒有白費呢！對不對，馬姍？
馬姍收成量大，有時也會拿來為其他品種「增量」，但若是單一釀製的話，個性就會比較弱。
多虧有胡珊替我編寫劇情！
兩位小姐，發生什麼好事了嗎？
妳們看起來很開心呢
哦
嘻嘻
哈哈
啊，維歐尼耶！告訴你唷！
其實我們兩個人一起畫了一篇漫畫！
胡姍也經常和維歐尼耶混釀。酸味明顯的胡姍和溫和的維歐尼耶，搭配起來十分適合。

法國阿爾薩斯區域

Française Alsace

看到「阿爾薩斯」，就可想說「幾乎跟德國一樣」。

阿爾薩斯與德國相鄰，
打
打打
踢踢
踢
受到過去的長年領土之爭影響——
其特徵與德國葡萄酒極為類似。
瓶身纖長細瘦
麗絲玲 單一品種
格烏茲塔明那 單一品種
大多為比德國味道分明的干型葡萄酒，
但最有魅力的還是——
灰色葡萄孢菌
為什麼是跟黴菌？
和「灰色葡萄孢菌」（黴菌）在一起所製造出的
貴腐酒!! 貴腐!!
極甜型的貴腐酒，是一種感官上的饗宴。
只要喝過一次，就會令人無法忘懷。

各位是否也覺得，「隆～河」聽起來就有種氣候宜人的感覺，「阿爾薩斯！」則是給人氣候嚴峻的感覺。

沒錯，阿爾薩斯十分寒冷。說到寒冷的地方，是的，就是能生產出美味的白酒。

不過，阿爾薩斯區域在法國，是一個有點不同的地方。雖然是法國葡萄酒，卻全都是「單一品種」，而且此處登場的，盡是像麗絲玲、格烏茲塔明那這一類個性鮮明的品種。

再加上，酒瓶的外觀既不像波爾多型，也不像勃艮第型，是呈現細細長長的瓶身。

這些特徵都與德國葡萄酒極為類似。

為何會類似德國呢？這是因為，此地與德國隔著一條萊茵河，過去反覆發生戰爭，所以兩地之間不斷產生文化上的交流。由於兩地氣候也相仿，因此兩者的內在幾乎是一個模子刻出來的。撕掉瓶身標籤的話，可能就連筆者都無法區分兩者的味道。

不過，德國是以甜型為主，阿爾薩斯則是除了一部分的甜型以外，都是以干型為主。

此外，阿爾薩斯的ＡＯＣ（ＡＯＰ）不會標示出「地區」，全部統一標示為「Appellation Alsace（阿爾薩斯）Contrôlée」。據說，此地的土壤過於複雜，即使是相同的「村鎮」或「果園」，也會產出不同的味道。所以，請記住「阿爾薩斯是用來品嘗品種之差的」。

阿爾薩斯最主要的品種是麗絲玲。這是能釀造出「貴腐酒」的品種，但這裡的釀製過程有些特殊。

因為阿爾薩斯是一個容易起霧的地方，所以葡萄容易長黴菌。一種名為「灰色葡萄孢菌」的黴菌，在其他品種上多半都會死亡，唯獨麗絲玲會因為這種黴菌的附著，而被奪去水分，其他成分均維持不變，於是成為非常適合用來釀酒的葡萄。因為在脫水之後，麗絲玲就會留下適量的糖分。

此外，貴腐酒會散發出一種獨特的香氣，我們稱為「貴腐香」。據說是一種「芳香的腐臭味」。多麼教人難以抗拒啊。筆者最喜歡這種惱人的形容方式了。

將「貴腐酒」的釀製方法加以改變，就能釀造出「冰酒」「晚摘酒」（Late Harvest）等不同版本的甜型葡萄酒。

「冰酒」是以被霜冰凍的葡萄為原料，壓榨出高糖分的濃縮葡萄汁，再加以釀造成酒。「晚摘酒」則是趁快要腐壞前，摘下水分被自然風乾的葡萄，加以釀製成酒。

不過坦白說，除了久經陳釀的貴腐酒之外，筆者實在分不出來冰酒和晚摘酒的味道差異。老實說，就連「貴腐香」是一種什麼樣的香味、自己到底有沒有聞過，筆者都搞不清楚。對不起，我就是這麼差勁的侍酒師。連擔任侍酒師的筆者，都這麼無法確定了，所以我想，各位讀者應該也不需要太介意，貴腐酒、冰酒、晚摘酒到底該怎麼區別。

還有一種和麗絲玲極為相似的品種，叫做「榭密雍」。這種品種會在波爾多區域的索甸地區，被釀製成甜型白葡萄酒，這種酒也有發生貴腐現象，特徵上也幾乎和貴腐酒一模一樣。各位只要這麼記就可以了。

Point 品嘗一下誕生自獨特邂逅中的貴腐酒。

法國
阿爾薩斯
區域

Française Alsace

【主要品種】

灰皮諾

白

具有神祕而充滿魅力的矛盾性格。在義大利會變得「爽口」，在法國則變得「厚重」。

麗絲玲

白

臉上藏不住心事的傲嬌女孩。有時是味道鮮明的干型葡萄酒，有時是酸甜度協調的甜型葡萄酒。

格烏茲塔明那

白

只要是花俏豔麗的事物通通喜歡的辣妹。帶著如同荔枝或香水般獨特而強烈的香氣。

今天那麼冷，大家要不要一起去唱KTV？
好哇！
麗絲玲，妳也會去吧？
今天我已經先跟別人有約了。
抱歉。
啊～是去跟那個人見面吧？
下次再一起去哦——
那麼恐怖的人，到底有什麼好的……
麗絲玲在白酒中的人氣度，和夏多內齊名。
呼
呼
在阿爾薩斯，麗絲玲大多會成為干型，帶有礦物質感而味道鮮明。
急急忙忙
葡萄孢菌！
但是，只要跟名為灰色葡萄孢菌（貴腐菌）的黴菌在一起的話，就會變成純真又黏膩的甜型。
呼
呼
呼
有等很久嗎……？
沒有，妳一路跑來的嗎？
連傘都沒撐
在青蘋果般的香氣之中，又帶著獨特黏著劑般的氣味，就是這樣的世界觀擄獲了眾多品嘗者的心。
一起去喝個咖啡吧。
嗯。

居然有室內游泳池，真豪華啊……
溫水游泳池
噗通
看起來好舒服~
快速
那個女生是灰皮諾黑皮諾的突變品種。
2-2 灰皮諾
冒出水面
嘿~！的確長得有點像……
在突變品種中，灰皮諾算是味道「乾淨」的。口感清爽而具有透明感，會令人覺得「這真是用好水栽種出來的葡萄啊」。
27秒05！
她的味道會帶來強烈蜂蜜般的印象，且十分具有分量感。
這個女生是格烏茲塔明那。身上帶有異國情調的荔枝味，香氣濃郁，即使在遠遠的地方，也能發現她的「存在」。
妳這樣怎麼行~
灰皮諾~妳的時間退步了唷~！妳要振作起來！
有不認識的人在旁邊看，我會分心……
啥!?
喂，你哪位啊!?看什麼看!?
對對對對不起!!
有著抹粉施脂般的豔麗感，又帶有濃濃的甜味。

法國
羅亞爾河區域

Française Loire

適合搭配餐點的「清淡白酒」要從「羅亞爾河」挑選。

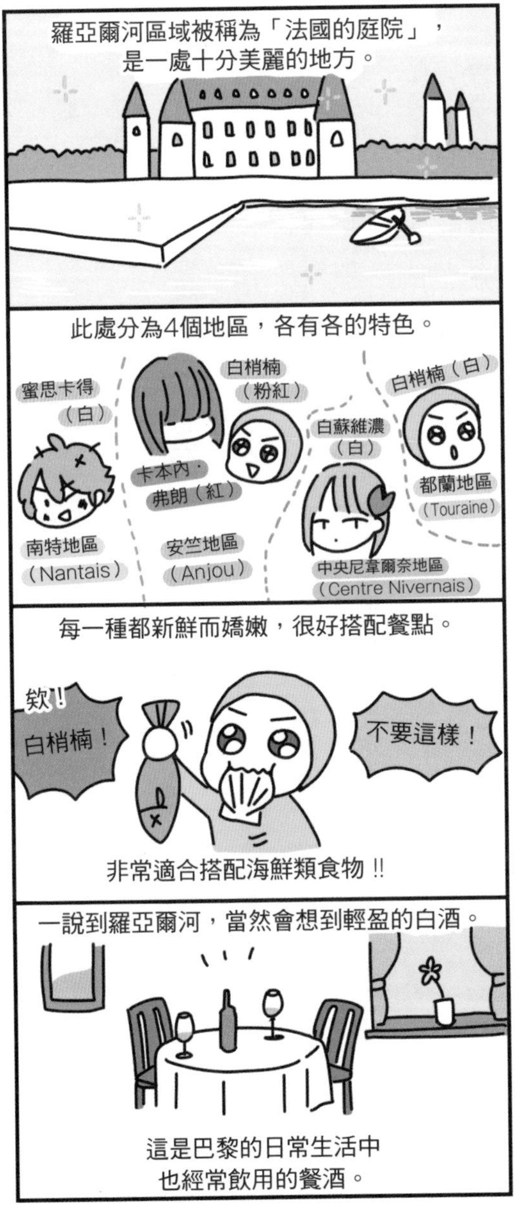

羅亞爾河區域被稱為「法國的庭院」，
是一處十分美麗的地方。
此處分為4個地區，各有各的特色。
蜜思卡得（白）
南特地區（Nantais）
卡本內・弗朗（紅）
白梢楠（粉紅）
安竺地區（Anjou）
白蘇維濃（白）
中央尼韋爾奈地區（Centre Nivernais）
白梢楠（白）
都蘭地區（Touraine）
每一種都新鮮而嬌嫩，很好搭配餐點。
欸！白梢楠！
不要這樣！
非常適合搭配海鮮類食物 !!
一說到羅亞爾河，當然會想到輕盈的白酒。
這是巴黎的日常生活中
也經常飲用的餐酒。

如果說船橋、秋葉原是「我的庭院」，那麼羅亞爾河區域就是「法國的庭院」。古城、庭園、緩緩流經的河川、平緩的丘陵、綠意盎然的田園，放眼望去盡是這樣的風景——這裡就是這麼一個風光明媚的地方。

筆者雖然不曾造訪此地，但在品嘗羅亞爾河的葡萄酒時，我就會像個做夢少女般，想像著這樣的風景；一邊喝一邊染紅了雙頰，沉醉其中。如此一來，葡萄酒與美景彷彿就會化為一體，填滿我的胸口。但一睜開眼，眼前看到的可能是，在船橋的立飲酒吧（店內有桌無椅，客人只能站著喝的酒吧）裡，喝得爛醉的客人整個身子趴在吧檯上的景象。這種現實與想像的落差，真是教人難以抗拒啊。

羅亞爾河區域十分廣闊，因此筆者認為，這裡和隆河丘區域一樣，選擇的理由與其說是因為「喜歡羅亞爾河這個產地」，不如說是因為「喜歡羅亞爾河的某個牌子」或「喜歡它所使用的品種」。

不過，羅亞爾河區域有一種葡萄酒，是選了絕對錯不了的，那就是「清淡的干型白酒」。

事實上，羅亞爾河的白酒是首都巴黎喝得最多的日常葡萄酒。雖然沒有撼動人心的美味，但簡簡單單的滋味，怎麼喝都喝不膩。

羅亞爾河區域分為四個地區，各有各的特色。

南特地區有一處村鎮，專門將蜜思卡得品種的葡萄，浸在渣滓中發酵，以釀造出美味的白酒。這個出名的村鎮有著很拗口的村名——「蜜思卡得—賽維曼尼村」（Muscadet Sèvre-et-Maine）。

都蘭地區有一處「梧雷村」（Vouvray），專門生產白梢楠的單一品種白酒。

中央尼韋爾奈地區有「松塞爾村」（Sancerre）和「普依芙美村」（Pouilly-Fumé）兩村，能釀製出色的葡萄酒，前者能讓人充分感受到白蘇維濃品種的魅力，後者則是帶有煙燻味。

安竺地區則有「粉紅安竺村」（Rosé d'Anjou）。

粉紅安竺是微甜的粉紅酒，與南隆河區域的塔維地區、以及普羅旺斯區域的粉紅酒，合稱為三大粉紅酒。法國的三大粉紅酒是哪三大？聽起來還真像益智問答節目中會出現的問題，不過雖說是「三大」，但三款酒的價格都十分親民，建議喜歡粉紅酒的人不妨嘗試看看。

順帶一提，若問道：「為何不喝紅酒、不喝白酒，偏偏要喝粉紅酒？」原因是**粉紅酒可以搭配任何菜色。**

簡單且調和的優質白酒，每天喝也喝不膩。

南特地區
品嘗蜜思卡得！
都蘭地區
品嘗白梢楠！
安竺地區
品嘗粉紅酒和
卡本內・弗朗的
單一品種酒！
中央尼韋爾奈地區
品嘗白蘇維濃！

對於每天吃飯時都要喝葡萄酒的人而言，不必煩惱「到底是紅酒比較適合，還是白酒比較適合」，是其一大優勢，加上它的外觀也很時尚（？），所以粉紅酒在法國一定很受歡迎。再順帶一提，安竺村會以深藏不露的卡本內・弗朗品種，作為「單一品種」的主角釀酒，這是十分罕見的。

法國
羅亞爾河
區域

Française Loire

【主要品種】

白蘇維濃

白

乖巧又酷酷的天然呆美少女。帶有花草香和葡萄柚氣息的爽口風味。

蜜思卡得

白

衣服老是髒兮兮，但個性爽朗的凸槌男。容易入口，味道質樸而爽口。

白梢楠

白

明明不想引人矚目，卻反而變得十分顯眼的怪小孩。具有任何一個部分都很突出的奇特滋味。

早安~蜜思卡得！你今天也Sur Lie得很有型呢！
是不是~☆
可是，這樣不行唷☆一定要好好地稱呼我為「蜜思卡得－賽維曼尼Sur Lie」。
挺胸
掰掰嘍~！
絕大多數的蜜思卡得，都是採用Sur Lie製法──換言之，就是將酒留在酒渣中浸泡一段時間的釀製法。
喂喂喂！
摔倒
他是一種具有柑橘香味和明顯酸味的葡萄酒，但經過Sur Lie製法後，就會增添溫和口感。
……
該怎麼說？他真是個爽朗到沒有極限的人耶……
哎呀，蜜思卡得，你真歡樂呢。
我時時刻刻都很歡樂。
清淡爽朗之中又帶有深度，是很容易入喉的品種。
順帶一提，大家很容易把他和蜜思嘉（麝香葡萄／Muscat）搞混，但他們其實是完全不同的品種。
蜜思嘉
一觸
即發
大家有話好說！
啦
啦啦啦
叩！
嗯？
有人把蔥和葡萄柚掉在地上了嗎？

那是我的。
原來是白蘇維濃掉的啊～☆
還妳嘍♡
白蘇維濃是比夏多內更加清新爽口的干型。
謝謝。
其特徵為略帶青澀、略帶蔥味的香草感。
那清新爽口的味道，能讓人忘掉夏季的炎熱。
喂，男同學們～！不要把人家白蘇維濃當成冷氣啦！
清涼
我也來納個涼。
清涼
的確莫名地感到一股涼風……！
好涼爽。
清涼
太棒了～
一直在旁邊出現的白色小孩，是白梢楠。清爽、水嫩，又有一點甜甜的。
白梢楠
也可以釀成發泡性葡萄酒或貴腐酒。
名字就寫在身上，在回去前，只要把名字記住就好嘍!!
白梢楠
等等，名字而已嗎!?我是白梢楠！我的座右銘是「沒個性反而是種個性」！我從不顯眼之中找到快樂！我跟任何食物都還滿搭的，我想我一定可以跟你變成好朋友。別看我這樣，其實我腦筋很正常的，讓我們開開心心吧！
白梢楠

南法 普羅旺斯／朗格多克區域

Le Sud de la Française

想要大口暢飲時，就用「南法」將冰箱填滿。

普羅旺斯區域最有名的是，
專為高級度假勝地的遊客製造的粉紅酒。
沙沙沙……
整體來說，南法的葡萄酒的特色是「便宜」。
在充足的日照下，
成長茁壯。
地中海型
氣候～
因為「便宜」就是一般狀態，所以即使是便宜的葡萄酒，
踩到地雷的機會也很小，可以安心購買。
全部
都是262元
朗格
多克
波爾多
只要是南法葡萄酒，
這種價格也能
放心地買♪
嗯……
有點擔心。
想要像喝啤酒般大口暢飲葡萄酒時，
推薦喝這裡的葡萄酒！
哈——
洗完澡來杯葡萄酒，
快樂似神仙。

三大粉紅酒的其中一大，就是普羅旺斯區域的粉紅酒。

最適合這款粉紅酒的場合，是在一個高級度假村的私人海灘上，腳下是白色的沙灘，你一邊戴著太陽眼鏡欣賞著穿著泳衣的美女們，一邊小口小口地啜飲……沒有比這更適合的場合了。

南法葡萄酒需要的是，開放性的場所和開放的人。請好好地想像一下南法的風光。你的想像中，應該不可能出現，某個臉上浮現深思的表情，口裡碎碎念著「嗯，這個葡萄酒是某某地方產、某某年分……」的紳士吧？出現在想像中的應該是，因為日曬和酒精而滿臉紅通通的白人們，一邊開懷大笑，一邊喝著葡萄酒，任桌上、腳邊散落著滿滿的貽貝和龍蝦殼。

另外，南法除了普羅旺斯之外，還有朗格多克區域的葡萄酒。朗格多克給人的印象是，以「便宜、好喝」為賣點。

在AOC（AOP）之下的等級，叫做「Vin de Pays d'Oc（IGP）＝地方餐酒」，這在日本也經常能看到，據說有近八成的Vin de Pays d'Oc，都是在朗格多克生產的。

換言之，就是便宜的葡萄酒。但到處都有的便宜葡萄酒也有分成很多種。

其他有些是裝在保特瓶，甚至裝在紙盒包裝中。Vin de Pays d'Oc在這類廉價的葡萄酒中，算是比較好的，品質上也有某種程度的保證。

所以，與其冒險購買將近三百元的波爾多或勃艮第，不如選擇將近三百元的朗格多克，這是更加明智的做法。

只不過，至少在葡萄酒愛好者之中，不會有人是「朗格多克愛好者」，這種人恐怕全球都找不到。

當我們要「慎重地挑選一瓶葡萄酒來飲用」時，這種酒並不適合；但如果有人需要一次大量地購入好幾瓶葡萄酒，然後跟眾人一起把酒當水大口大口暢飲時，這種葡萄酒就比較符合需求。我不騙你們，這種酒還是在靠近海邊的大太陽底下飲用吧。

Point 不妨在重要的度假時光中飲用。

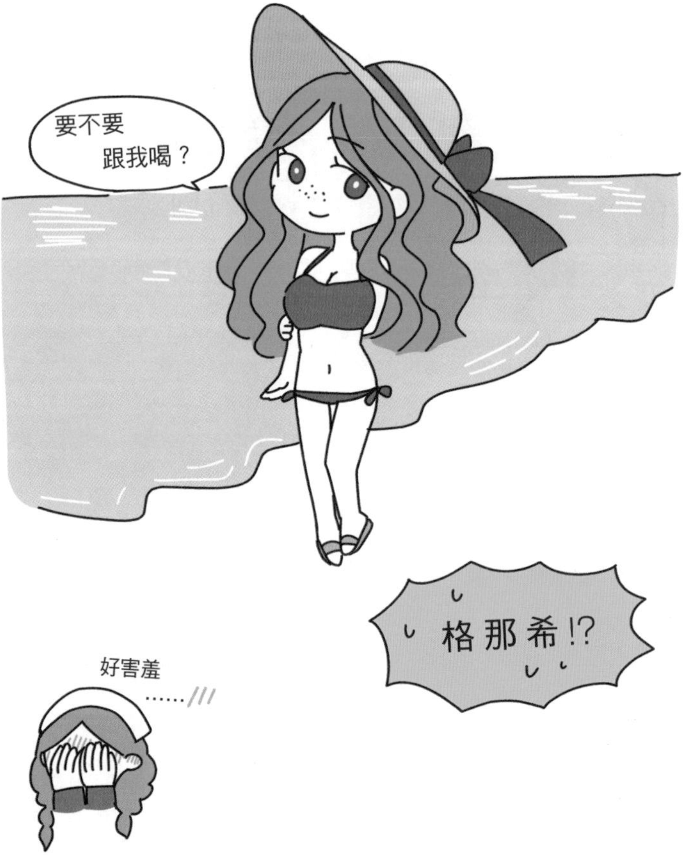
要不要
跟我喝？
格那希!?
好害羞
……///

南法 普羅旺斯／朗格多克區域

南法
普羅旺斯／朗格多克區域
Le Sud de la Française

【主要品種】

仙梭

紅

適合出現在夏季觀光景點的健康女孩。散發出桃子和草莓的清香。

卡利濃

紅

原本是一個小混混，最近才重新做人。具有香菸和巧克力的香氣，以及成熟果實的滋味。

格那希

紅

土氣未脫的鄉下姑娘，但未來充滿無限可能。帶有草莓果醬與黑胡椒的香氣。

掉落
糟糕，上課鈴響了。
喂，東西掉嘍。
啊，抱歉，謝……
謝……
!!
哦!?你就是傳說中的轉學生？
好樣的！我是卡利濃。
卡利濃過去是廉價葡萄酒所使用的品種。
這個就當作見面禮。
香菸巧克力
香菸 巧克力
香菸、皮革、鐵、墨水等……有點冰冰冷冷的香氣。
如今，只有樹齡五十年~七十年左右的老樹，才能培育出好的卡利濃哦。
緊張一
兮兮一
咦？外表很可怕，但人還挺好的。
謝、謝謝……你。
請多多……指教。
以高齡的樹木培育出的品種，會標注V.V.（Vieille Vigne）。
掰啦
鋃鐺鐺
V.V
找找看，或許能找到唷。

義大利

Italie

想要邂逅個性獨特的葡萄酒時，就要選擇義大利葡萄酒。

對釀造葡萄酒來說，
義大利有著全球絕佳的氣候條件。
義
VS
法
冠上葡萄酒王國之名也當之無愧，在生產量和輸出量上，都是與法國分庭抗禮的競爭對手。
只不過，因為義大利的葡萄酒法規制定得晚，
所以品種、土地都太過於「變化萬千」。
擁擠
擁擠
分類困難，無法掌握特徵。
因此，只要能掌握2大產地
托斯卡尼（Toscana）大區
紅酒的山吉歐維榭
皮埃蒙特（Piemonte）大區
紅酒的內比歐露
要不要來點奇揚第？
這裡有巴羅洛和巴巴瑞斯科哦。
就沒有問題了！
義大利葡萄酒的魅力，
在於它能讓人感受到陽光般的明媚滋味。
一旦著迷，就會深深愛上！

如前所述，葡萄酒的特色變化多端，但一切的範本都是來自法國。

所以，有些時髦的女性會說：「葡萄酒我只喝法國的。」雖然聽起來盛氣凌人，但筆者以為，這也不失為一種深入了解葡萄酒的方式。因為只要掌握法國，就能了解到所有細節了。

只不過，提到葡萄酒的知名度，義大利可不輸法國。

義大利的葡萄酒，在店家中出現的機率也很高，因此散發著一種教人無法忽視的氛圍。

那麼，我們應該在什麼樣的時候飲用義大利葡萄酒呢？

不妨在吃義式料理時飲用。或者，如果你喜歡義大利葡萄酒，就可以選擇義大利葡萄酒。

以上就是答案。

這個答案太籠統嗎？

但要深入了解義大利葡萄酒，實在困難。因為義大利葡萄酒的一大特徵就是，無以復加的「支離破碎感」。筆者非常喜愛義大利葡萄酒的味道，但卻很討厭深入鑽研義大利葡萄酒。

義大利拜地中海型氣候所賜，任何地方要栽種葡萄，都不費吹灰之力，不只有「當地酒」，他們更有許許多多「當地葡萄」，因為義大利栽培出的葡萄品種多如牛毛。

到底有多少品種？推估約有兩千種。

沒錯！這種的設定未免太跳躍了！若非義大利葡萄酒的專家，要將這麼多品種的味道一網打盡，十分困難。

為何會增加成這麼多品種呢？因為義大利的葡萄酒法規，定得太遲。可能是由於氣候上的絕佳優勢，使得他們對於釀造葡萄酒這件事，未經深思熟慮吧。

法國的葡萄酒法規制定得早，所以長年以來，一直穩穩地控制住品種的數量。拜其所賜，讓我們能理出條理，告訴大家「什麼產地的什麼品種好喝」。

反之，義大利則是接連不斷地研發新品種，結果就是產生數不盡的品種。

光是得到許可的葡萄酒用葡萄，就有近五百種之多。

講到這裡，恐怕會讓各位讀者感到義大利葡萄酒，不過就像是一座對流浪貓疏於結紮絕育而變得貓滿為患的公園罷了，但事實絕非如此。

在味道上，義大利葡萄酒絕不輸給法國。若用「氣質」來形容法國，那就可以用「自由」來形容義大利，一旦著迷，就會深深愛上。

只不過，因為是在變化多端的土地上，栽種變化多端的品種，所以「好壞」也十分懸殊，這一點請各位記得。但反過來說，當你想遇到一瓶具有獨特個性的葡萄酒時，可以試著在義大利葡萄酒中憑直覺選擇，或許這也不失為一種樂趣。

每個地方有什麼不同呢？

義大利的托斯卡尼大區和皮埃蒙特大區，就好比法國兩大產地的波爾多區域和勃艮第區域。

托斯卡尼大區有一款名震四方的葡萄酒，那就是【奇揚第】。

奇揚第經常使用的品種是山吉歐維榭，釀出來的酒，帶有明顯的櫻桃味，粗澀味比卡本內．蘇維濃溫和，酸味比黑皮諾和緩，味道十分調和。

說到義大利葡萄酒，大家就會不斷吹捧「奇揚第」。「奇揚第」指的，其實就是「托斯卡尼大區的奇揚第區域所製造的葡萄酒」。

然而，因過去義大利在葡萄酒的規則上過於隨興，所以鄰近奇揚第區域的其他地方的人，看到奇揚第賣得好，也開始在自己賣的酒上標示奇揚第。

義大利

認為「奇揚第似乎很好喝」的買家，和認為「只要寫上奇揚第就很好賣」的賣家，兩者利害一致，所以也不管好不好喝，奇揚第就這樣開始大量生產製造起來。上店家喝葡萄酒的客人，會不假思索地就點奇揚第，如果店裡沒賣，客人就會失望地說：「什麼？沒有奇揚第嗎？」所以，無論對葡萄酒講究與否，每個店家都開始有了「店內庫存一定要有奇揚第才行」的想法。在這樣的循環作用下，結果就變成托斯卡尼大區到處都在生產奇揚第了。

後來，當大家覺得不能再這樣下去時，才制定了一條規則——「唯有從早期就一直在釀製奇揚第的地方，可以稱自己為【古典奇揚第】（Chianti Classico）。」說穿了，這就像我們在觀光地的名產店經常能看到的「正宗奇揚第」「老牌奇揚第」之類的說法。但奇揚第還是人氣不減，所以接下來就變成古典奇揚第的葡萄栽種面積不斷擴大，品質良莠不齊，價格也有高有低，從兩百多到兩千多元的都有。

這種現象類似於只要命名為「夏布利」，無論美味與否，都能賣得好一樣。

所以，如果太過信任響亮的名聲，反而有可能喝到令你感到疑惑的葡萄酒。但名聲會如此響亮，一定有它的理由，美味的奇揚第（價格略高）是真的十分美味。

在托斯卡尼大區，還有一個有趣的葡萄酒類別。

那就是一種名為「超級托斯卡尼」（Super Toscana／Super Tuscan）的葡萄酒。

這種葡萄酒在釀製上，並未遵照葡萄酒法規，明明是在義大利，卻按照波爾多的方法釀製。

相對於法國的等級制度「AOC」（AOP），義大利的等級制度，則稱為「DOCG」（DOP），正式名稱是「Denominazione di Origine Controllata e Garantita」，但念完這一大串名字，舌頭大概也打結了，所以不必去記它。

有產地保證的義大利葡萄酒，都會標注DOCG這個字首縮寫，但不會像AOC（AOP）一樣，在中間嵌入地名，只會標注縮寫而已。

而這個超級托斯卡尼，因為無視於葡萄酒法規，所以並非DOCG（DOP）。因為不符合義大利的標準，所以它只被當成餐酒看待。

然而，明明是餐酒，卻出現了【露鵲】（Luce）【薩西開亞】（Sassicaia）這類高級葡萄酒，於是開始有人驚覺「原來無視於義大利的葡萄酒法規，竟然這麼好喝！」這些葡萄酒便開始大受歡迎，轉眼間成了高級葡萄酒。甚至還有了高品質的超級托斯卡尼，在事後被認定為

DOCG（DOP）的案例。冠上「超級」兩個字，就能受到全球歡迎的，原來不只是瑪利歐而已。

不過，為何會有人寧願無視於葡萄酒法規，也要製造這種葡萄酒呢？筆者認為，這可能是因為義大利人十分自豪於自己所處的土地。「我們的土地才是全世界最棒的。只要釀造出超級托斯卡尼，一定連波爾多都能超越。」他們大概是這麼想的吧。而實際上有沒有超越，沒人能夠證明，恐怕只能留待喝的人自己去評斷了。

皮埃蒙特大區最為人所知的品種，是內比歐露。最大的特徵在於重口味雪茄、巧克力等風味，以及厚重的單寧。「皮埃蒙特大區×**內比歐露**」的組合，名聲與法國的「波爾多區域×**卡本內．蘇維濃**」並駕齊驅。

內比歐露只使用於，巴羅洛村釀製的著名高級葡萄酒【巴羅洛】，以及庫內奧（Cuneo）省釀製的【巴巴瑞斯科】上，兩者皆是先在美國闖出名號，之後才變成高價的葡萄酒。或許有些人光是聽到「美國人喜歡的口味」，就能大致想像出是什麼樣的味道吧。

義大利分為許多大區，但因品種與土地變化多端，各地的特徵難以掌握，所以很難告訴大家「哪個產地就是哪種味道」。

因此，想感覺到「自己好像很懂葡萄酒」的話，義大利只要能了解托斯卡尼和皮埃蒙特這兩個大區的味道，應該就夠了。

雖然地雷很多，但遇上美味的葡萄酒時，絕不是一般的美味而已，這種賭博般的感覺，也是義大利葡萄酒的一大魅力。

Point 雖然是個相當隨心所欲的國家，但卻藏著不可小覷的力量。

義大利葡萄酒的分級制度

D.O.P.（舊D.O.C.G./ D.O.C.）
受到最嚴格管理的葡萄酒。
除了葡萄酒外，乳酪、橄欖油、義大利香醋等製品上，
也能看到這項標示。

I.G.P.（舊I.G.T.）
也就是所謂的當地酒。在瓶身標籤上，
會標示出使用的葡萄品種及生產地。

Vino（舊V.d.T.）
沒有生產地的標示。
雖然是最低的等級，但超級托斯卡尼也屬於此級。

2008年為止

舊分級制度

D.O.C.G.
受到最嚴格管理的葡萄酒

D.O.C.
經過一定審查的葡萄酒。

I.G.T.
該區域的品種使用達85%以上的葡萄酒。

V.d.T.
無特別規定的餐酒。
超級托斯卡尼就是屬於此級。

舊分級制度
（2008年為止）中的
D.O.C.G./ D.O.C.
⇩
被合併成
新分級制度中的
D.O.P. 了。

義大利

Italie

【主要品種】

內比歐露

紅

以「巴羅洛」而聞名、不諳世故的王子殿下。成熟期長，味道厚重而濃郁。

蜜思嘉

白

可愛的小弟弟型男生，實際上可能是個壞心眼的人。帶有甜甜的香氣與味道，大受年輕女性青睞。

灰皮諾

（法國稱Pinot Gris，義大利稱Pinot Grigio）

白

具有神秘而充滿魅力的矛盾性格。在義大利會變成「爽口」，在法國會變成「厚重」。

山吉歐維榭

紅

以「奇揚第」廣為人知，不屈不撓的領導型人物。粗澀味（單寧）與酸味的調和恰到好處。

這是山吉歐維樹小時候的照片嗎？
哇——超可愛耶～！
在充足的陽光下長大的山吉歐維樹，是義大利最廣泛栽種的品種。
在愛中長大耶——
討厭，很丟臉耶——
對了，話說，你們有看昨天的世界葡萄紀行嗎？
對啊，超帥的！
居然有這種節目。
我有看！那個新品種真是個大帥哥。
她給人一種處處可見的親和感，而且無論餐酒或高級葡萄酒，她都能扮演得十分得宜。
山吉歐維樹，今天放學後妳有空嗎？
……！OK，那就視聽教室見。
有著櫻桃般的酸甜，且粗澀味（單寧）較弱，
波爾多的使者！卡本內・蘇維濃！
托斯卡尼的使者！山吉歐維樹！
視聽教
使用中
禁止進入
當她與卡本內・蘇維濃混釀，還能變成威力十足的葡萄酒——「超級托斯卡尼」。
兩人合稱超級托斯卡尼！
好，再來一次！
好！

※還有其他組合的混釀。

內比歐露同學！振作點！
內比歐露！你醒醒！
內比歐露是以重口味的雪茄、巧克力、焦油等風味，
怎麼了？哪裡不舒服嗎……!?
砰!!
以及厚重的粗澀味，為其魅力所在，他也是義大利的頂級品種。
但他生性難纏，栽培起來十分困難……
沒有……他動不動就失去自信，在一旁鬧彆扭……
反正我就是個廢物……
你在說什麼，你是超級了不起的人唷！
垃圾桶
真的嗎……？
真的！而且你是很棒的人！
我厲害嗎？
超級無敵厲害！像是你那單寧，我就沒有。
我不在會很困擾嗎……？
困擾得要死！一個沒有王子的王國，你覺得未來會有榮景嗎？
而且十分頑固，味道很難散開。
然而，一旦散開，就會展現出高貴的王子之姿。
甩髮
各位臣子們，久等了！
內比歐露殿下～
我們的王子回來了！
哇—
哇—
哇—
這個王子殿下真難搞……
耶—耶

啊——累死人了。
哇——
啊——
嗯？
聽到一個可愛的歌聲。
哇
各位！我的CD和照片，
你們買了沒啊～～!?
買了——
釀製成甜型居多，深受女性喜愛！
來介紹一下我的——商品
哇——哇
他就是蜜思嘉。
來到一個驚人的地方。
比起蜜思卡得，蜜思嘉更具有水果味，而且正如其名Moscato，他的味道就像在吃麝香葡萄。
新商品就是這隻麝香貓傑克的
透明吊飾～！
好——可愛——!!
一點都不可愛吧！
麝香的香氣。
使用蜜思嘉的葡萄酒中，
接下來再為大家唱兩首歌曲——《阿斯提氣泡酒》和《蜜思嘉達斯提》。
以這兩款酒最有名。
吸氣……
由於喝起來太順口，因此要小心飲酒過量！
吃不消了……

走路……
啊，那是不是灰皮諾同學？上次在游泳池看到的……
那個女生不是原本法國的灰皮諾（Pinot Gris），而是義大利版的灰皮諾（Pinot Grigio）。
？我完全看不出差別……
你這麼粗心，女孩子們不會喜歡唷。
妳管我。
陰沉……
兩者都是白酒，口感都很潔淨，
但法國的灰皮諾是，帶有發酵後的厚重感的高級味道，
而義大利的灰皮諾則是清新爽口。
微笑……
哇，她在微笑！
全部都是反過來的
緩緩 取出
感覺可以大口大口暢飲，因為酸味不明顯，所以屬於比較休閒式的味道。
如此休閒……
滑動

西班牙

Espagne

想要享受重口味時，就喝「田帕尼優」。

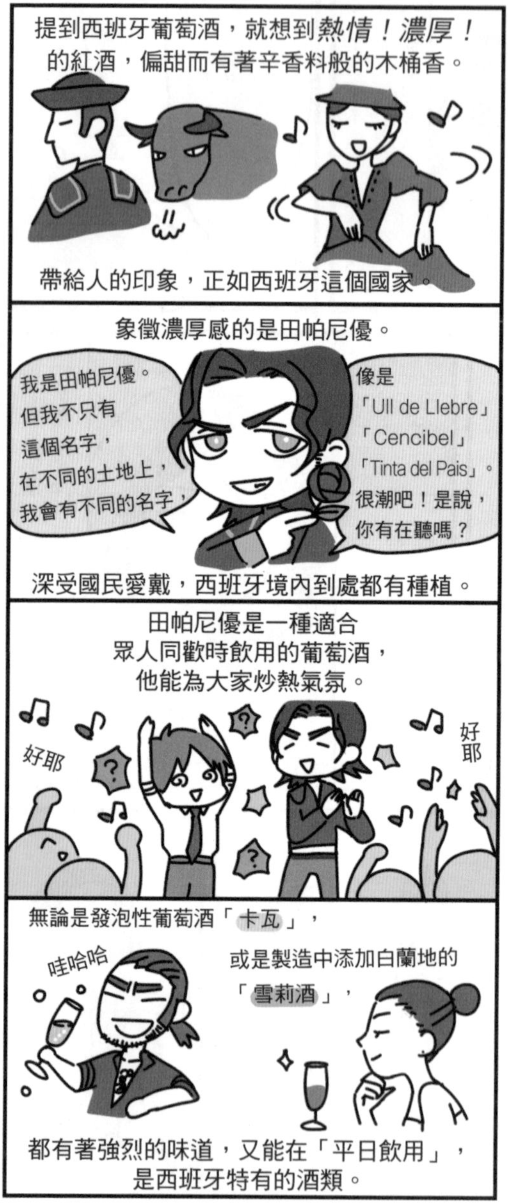

提到西班牙葡萄酒，就想到熱情！濃厚！的紅酒，偏甜而有著辛香料般的木桶香。
帶給人的印象，正如西班牙這個國家。
象徵濃厚感的是田帕尼優。
我是田帕尼優。但我不只有這個名字，在不同的土地上，我會有不同的名字，
像是「Ull de Llebre」「Cencibel」「Tinta del Pais」。很潮吧！是說，你有在聽嗎？
深受國民愛戴，西班牙境內到處都有種植。
田帕尼優是一種適合眾人同歡時飲用的葡萄酒，他能為大家炒熱氣氛。
好耶
好耶
無論是發泡性葡萄酒「卡瓦」，
哇哈哈
或是製造中添加白蘭地的「雪莉酒」，
都有著強烈的味道，又能在「平日飲用」，是西班牙特有的酒類。

說到西班牙，就會想到濃厚的紅酒、熱情的紅酒。

除了吃西班牙菜以外，還有什麼樣的場合，會讓人想喝西班牙葡萄酒呢？當然是在想要擁有興奮得有如躍動的鬥牛般、有如歡樂的佛朗明哥舞般的夜晚。

各位也有這樣的夜晚嗎？筆者有。

不只是因為「西班牙就等於熱情的國家」的刻板印象，而是**西班牙葡萄酒的液體中，就彷彿真的存在著熱情的物理成分**，只要喝上一口，人就會變得熱情起來。

順帶一提，西班牙也有劃分區域，像是「利奧哈區域」（La Rioja）「佩內得斯區域」（Penedès），但筆者建議，與其以區域來挑選，不如以品種或酒的種類來挑選。

一提到西班牙的品種，大家就會想到紅酒的「田帕尼優」。

這個西班牙原生的最頂級品種，名字帶有「早熟」之意，大範圍地栽種於西班牙各地，範圍大到連在西班牙境內，都出現了好幾個不同的名字，像是「Ull de Llebre」「Cencibel」「Tinta del Pais」。

如此大受西班牙人喜愛的**田帕尼優**，香氣四溢，味道濃郁，風味偏成熟水果，強勁有力。與六個品種比較的話，偏好**梅洛**的人，應該也會喜歡田帕尼優。順帶一提，筆者推薦產於利奧

西班牙

哈區域，名為【里斯卡酒莊】（Marqués de Riscal）的葡萄酒。十分美味，超市也買得到。

再者，佩內得斯區域經常釀造的「卡瓦」，也是西班牙特有的葡萄酒。卡瓦是一款在日本也很常見的發泡性葡萄酒，經常被陳列在香檳賣區的隔壁。若不是要買發泡性葡萄酒送人，而是要買來自己品嘗時，筆者就會毫不猶豫地選擇卡瓦。

這是因為卡瓦的價格親民，但基本的釀製方式同於香檳區域，整體來說品質相當高。再說。與其小口小口依依不捨地啜飲香檳，還不如大口大口唏哩呼嚕地豪飲卡瓦，似乎更能達到飲用發泡性葡萄酒原本的目的，也就是享受飲用的暢快感。

另外，提到西班牙還會想到「雪莉酒」。

雪莉酒是製造時添加了白蘭地的葡萄酒，涵蓋的味道相當廣泛，既有非常甜的甜型，也有非常不甜的干型。

甜的真的很甜，像黑蜜糖漿一樣甜。不甜的（干型的）就像是把白酒的糖分不斷發酵掉，水果感被消去，有點類似紹興酒。

與雪莉酒類似的葡萄酒，有葡萄牙的「波特酒」（Port Wine）和馬德拉酒（Madeira Wine），兩者都是為了方便保存，而提高酒精濃度，所以放在冰箱的冷藏室，就能保存很久。

西班牙和葡萄牙受到海洋圍繞，在大航海時代十分活躍，正因為航海頻率高，所以製造出了能長時間保存的葡萄酒。

這種釀造後再添加酒精所製造出的葡萄酒，就叫做「加烈酒」（Fortified Wine），這種酒基本上都是當作「餐後酒」（Digestif）飲用。

順帶一提，貯藏過雪莉酒的木桶，稱為雪莉桶，這種酒桶也會用來貯藏威士忌，藉此加入雪莉酒的香氣、味道與色澤，使威士忌變得更有深度。

西班牙

Point 想要使情緒高漲的夜晚，就喝來自熱情國度的葡萄酒。

西班牙葡萄酒的分級制度

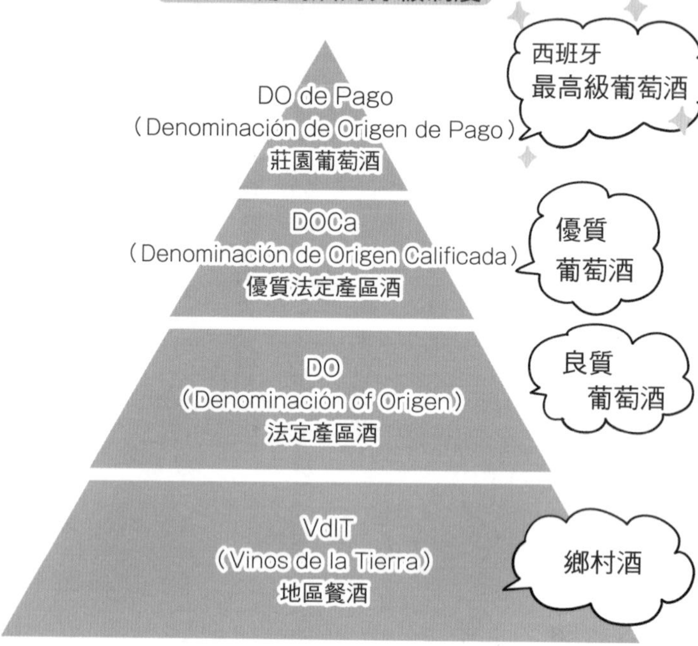

西班牙
最高級葡萄酒
DO de Pago
（Denominación de Origen de Pago）
莊園葡萄酒
優質
葡萄酒
DOCa
（Denominación de Origen Calificada）
優質法定產區酒
良質
葡萄酒
DO
（Denominación of Origen）
法定產區酒
鄉村酒
VdIT
（Vinos de la Tierra）
地區餐酒

標籤上關於培養熟成時間的標注

Crianzá（佳釀級）
培養熟成時間長。

Reservá（陳釀級）
培養熟成時間更長。

Gran Reservá（特級陳釀）
只有在好的葡萄收穫期進行製造，培養熟成時間超級長。

西班牙

Espagne

【主要品種】

卡利濃（Carignan，法）改為

卡利涅納

（Cariñena，西）

紅

具有香菸和巧克力的香氣，以及成熟果實的滋味。經常與卡那加混釀。

田帕尼優

紅

愛耍帥又熱情的潮男。帶有洋李和黑櫻桃等黑色系水果的強勁香氣。

格那希（Grenache，法）改為

卡那加

（Garnacha，西）

紅

帶有草莓果醬與黑胡椒的香氣。經常與卡利涅納混釀。

謝謝你陪我去買東西。
哪裡、哪裡。
啊，那是田帕尼優同學。
跟一個大美人在一起！田帕尼優同學是個成熟的大人呢……
田帕尼優是西班牙最頂級品種，名字帶有「早熟」之意。
大約比卡那加（法國名：格那希）早兩週收成，但香氣四溢，味道濃郁。
哇！整捧的玫瑰花！
要告白了！要告白了！
單寧與酸味強勁，也耐得住陳年的釀製。
啊！
田帕尼優同學。
……
原來是卡那加……
不過，同樣是紅葡萄，比起卡本內．蘇維濃和黑皮諾，他的味道卻顯得較不強勁。
嗯。
我不是一直告訴你，那種女孩子根本沒那麼好。
嗯。
一定會出現更適合田帕尼優同學的人！知道嗎？
所以，經常和堅韌的卡那加混釀。

妳說得對！我知道了，卡那加！
不顧一切向前衝吧！亂槍總會有打中的時候！
雖然你完全沒聽懂我說的話，不過就是要有這樣的氣概！
田帕尼優會依釀造方式不同，而釀出親和的葡萄酒或嚴肅的葡萄酒。
在利奧哈區域，主要是帶有溫和的酸味。在佩內得斯區域，則是帶有明顯的粗澀味。
他哥哥明明是個自律的人，為什麼他會這樣……
我是哥哥
順帶一提，格那希（法）在西班牙被稱為「卡那加」，
卡利濃（法）在西班牙被稱為「卡利涅納」。
雖然名字不同，但也因為西班牙與南法距離相近，所以在特徵上幾乎是一樣的。
卡那加和卡利涅納個性相仿，所以他們在西班牙也很合得來。
要不要吃烤番薯？
要。
暖暖的……

德國

Allemagne

將白酒用的葡萄一一攻破。

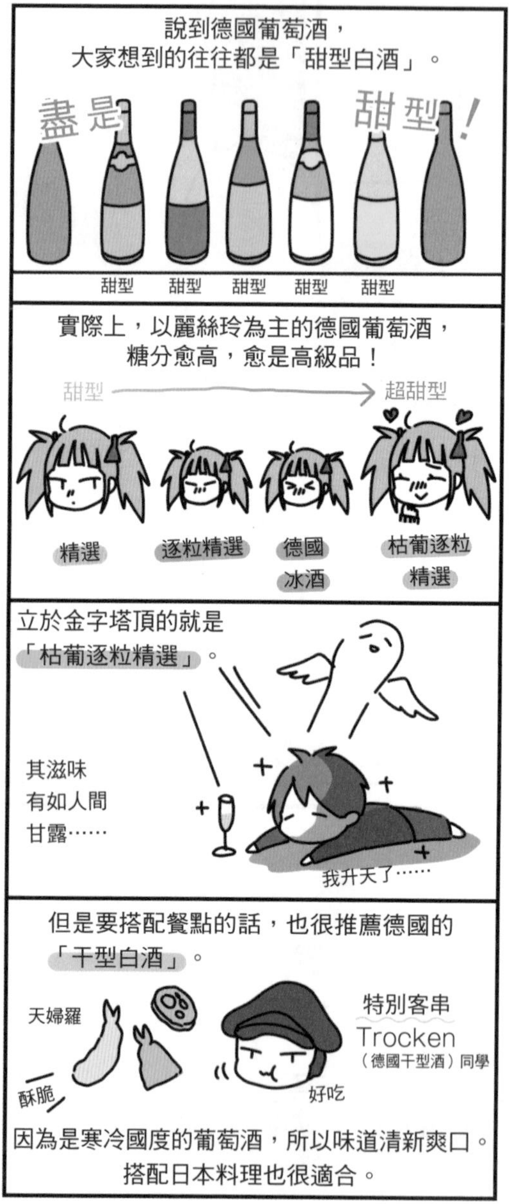

說到德國葡萄酒，
大家想到的往往都是「甜型白酒」。
盡是甜型！
甜型 甜型 甜型 甜型 甜型
實際上，以麗絲玲為主的德國葡萄酒，
糖分愈高，愈是高級品！
甜型
超甜型
精選
逐粒精選
德國冰酒
枯葡逐粒精選
立於金字塔頂的就是
「枯葡逐粒精選」。
其滋味
有如人間
甘露……
我升天了……
但是要搭配餐點的話，也很推薦德國的
「干型白酒」。
天婦羅
酥脆
特別客串
Trocken
（德國干型酒）同學
好吃
因為是寒冷國度的葡萄酒，所以味道清新爽口。
搭配日本料理也很適合。

過去長年來，德法兩國間不斷互相爭奪領土，使得彼此的文化產生交流，在此影響下，德國葡萄酒和近鄰的法國阿爾薩斯葡萄酒十分相似。連與這些葡萄酒一拍即合的地方菜，像醋醃高麗菜、燉豬肉等，都一模一樣。

雖然德國是以甜型為主，阿爾薩斯則以干型為主，但兩地皆有白酒王國之稱，也都有貴腐酒，再加上，主要使用品種為**麗絲玲**這一點，兩地也十分類似。

到此為止，都只提到兩地「十分類似」，但德國葡萄酒可是十分難纏的。怎麼個難纏法呢？就是名稱非常難記憶。比方說，阿爾薩斯區域所使用的品種**灰皮諾**，到了德國，就變成**格勞勃艮德**（Grauburgunder）這個別名；**黑皮諾**則是成了**斯貝勃艮德**（Spätburgunder）。聽起來差太多，不但讓人難以聯想是相同的東西，更重要的是一點都不可愛。

其他像是，阿爾薩斯也在使用的**格烏茲塔明那**，或德國最古老的**米勒托高**等品種，也是如此，每個品種的名稱都給人一種骨架厚實、全身長滿肌肉的感覺。

另外，法國的法定產區葡萄酒會有「AOC」（AOP）的標示，相對地，在德國則是有「QbA」的標示。「QbA」是「Qualitätswein bestimmter Anbaugebiete」的縮寫。聽人

德國

念這個全名時，恐怕只會看到對方口沫橫飛，也搞不清楚是在說什麼吧。

就像這樣，與德國葡萄酒相關的名字，都是既生硬又複雜，所以有很多人在考侍酒師時，乾脆放棄這一塊。（事實上是不能放棄的！）筆者說了這麼多，其實想要表達的是，連目標成為葡萄酒專家的人，都為了德國葡萄酒的名稱背得死去活來，所以各位不用真的去背，只要稍微有點印象即可。

說到德國葡萄酒，就會想到甜型白酒。因為在寒冷的地方無法種植甘蔗，所以高甜度的東西就變得特別貴重。這或許就像是，在日本提到昭和時代（一九二六－一九八九）的往事，就有人會說：「二戰後，香蕉在日本可是非常貴重的……」

因此，德國葡萄酒的分級制度，是以糖分的多寡為指標。

換言之，愈甜的就愈了不起。在法定產區葡萄酒「ＱｂＡ」之上，還存在著幾個最高級甜型葡萄酒的階級。

其中，站上金字塔頂端的，就是「枯葡逐粒精選」。

德文Trockenbeerenauslese念起來是「托勒肯貝連奧斯勒傑」，聽起來是不是震撼感十足的名字呢？彷彿是某個被當成「足球之神」崇拜的人。但實際上，它是甜而高雅得令人陶醉的葡萄酒。雖然說是甜型酒，但它跟砂糖的甜完全不同。

「枯葡逐粒精選」之下，按糖分多寡的順序排列下來，還有「德國冰酒」「逐粒精選」以及「精選」的等級。

到此為止的四個等級，與其說它們是酒，感覺更像一種獨立在酒之外的特殊飲品。偶爾會聽到有人稱讚道「精選葡萄酒……就像是人間甘露一樣」，甘露原本是指天上的神明所喝的長生不老之水，因此當然不能拿來大口飲盡，然後暢快地大叫「讚啦」。各位在喝的時候，請一小口一小口地含著，然後將偉大的**麗絲玲**大神放在舌上，從頭頂到腳底好好地欣賞讚嘆祂的每個細節。

甜度的排行還沒結束，後面還有晚摘（Spätlese）和卡比內特（Kabinett）。到了卡比內特時，甜度已經低到不會對餐點味道造成妨礙的程度。

相反地，德國干型酒「Trocken」，雖然沒有受到吹捧，但稍微不甜的德國半干型酒「Halbtrocken」也很出色。干型的德國葡萄酒非常淡麗清爽，所以十分適合用來搭配魚類料理和天婦羅等的和食。

不過，如今德國應該也不缺甜的東西了，再加上會特別去喝「甜葡萄酒」的情境不多，所以實際上在德國，干型酒的產量也很豐富。但輸入到日本的，幾乎都是甜型酒。而且，日本人對德國的印象就是甜型酒，因此聽說干型的德國葡萄酒在日本銷量並不好。不過，干型德國葡萄酒也絕非等閒之物，感覺只要遇到某個契機，就一定能大受歡迎。

愈是不愛甜型的人，
愈該喝喝看的甜型葡萄酒。

德國葡萄酒的分級制度

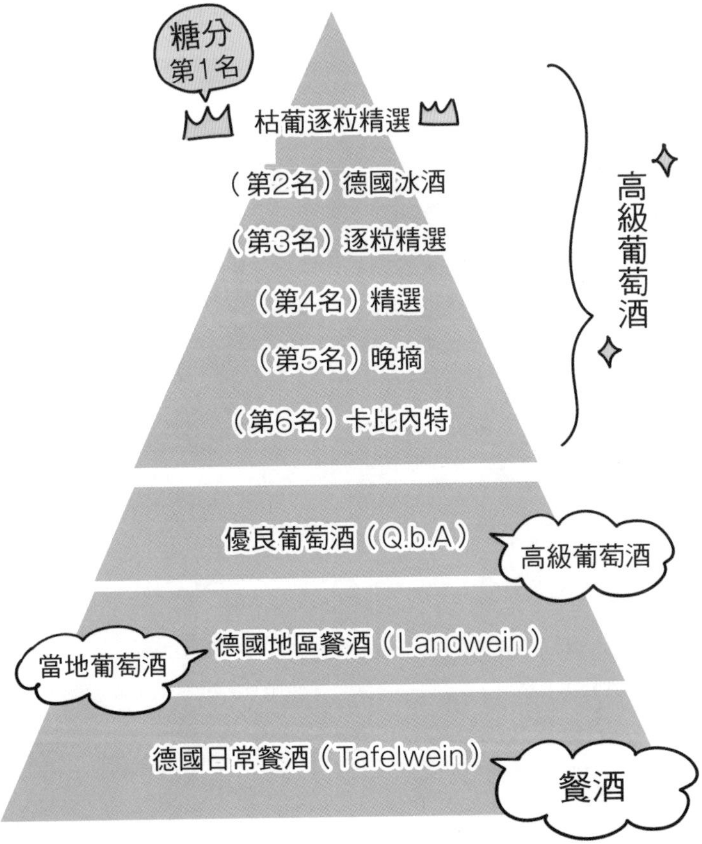
糖分
第1名
枯葡逐粒精選
（第2名）德國冰酒
（第3名）逐粒精選
（第4名）精選
（第5名）晚摘
（第6名）卡比內特
高級葡萄酒
優良葡萄酒（Q.b.A）
高級葡萄酒
德國地區餐酒（Landwein）
當地葡萄酒
德國日常餐酒（Tafelwein）
餐酒

德國

Allemagne

【主要品種】

米勒托高

白

雖然樸素不起眼，卻是受到大家仰慕的幕後人才。有著不標新立異而直截了當的風味。

麗絲玲

白

任何人一看都能知道，她是個傲嬌的女孩。相較於阿爾薩斯，德國的釀造者更致力於甜型酒的製造。

西萬尼

白

老是被麗絲玲超前的女孩子。其溫和的風味，能將酸味強勁的葡萄加以中和。

格烏茲塔明那

白

帶著如同荔枝或香水般獨特而強烈的香氣。相較於阿爾薩斯，德國的釀造者更致力於甜型酒的製造。

唔～今天好冷～！趁著還沒下雪前，快回家吧。
咦？那是麗絲玲？
德國依糖分與成熟度，將麗絲玲分級成六個階段。
這麼冷的天氣，她在這裡幹麼？
好冷——
卡比內特
使用依正常時間採收的麗絲玲。
唉——
晚摘
使用較遲採收的麗絲玲。
精選
使用完全成熟的麗絲玲葡萄串。
逐粒精選
使用完全成熟的麗絲玲葡萄顆粒。
OK
德國冰酒
使用結凍狀態的麗絲玲。
!
枯葡逐粒精選
使用被貴腐菌附著的麗絲玲。

——大概就是這樣。
臉紅
原來在等人哪……
對不起，在這裡偷看……
緊張死了……
順便提一下，格烏茲塔明那也和阿爾薩斯的十分相似但是比阿爾薩斯的更甜。
等等，妳給我說清楚！「順便提一下」是什麼意思!?
好好介紹，好嗎？
另外，甜型白酒所使用的品種中，還包括德國最古老的品種米勒托高，
以及過去最廣泛栽培的品種西萬尼。
米勒托高
麗絲玲……竟然一臉幸福……
西萬尼
這兩個品種成了聖母奶（Liebfraumilch）和策爾黑貓（Zeller Schwarze Katz）這兩個著名品牌的餐酒等級的甜白酒。
是啊，米勒托高……
只要她覺得幸福，那我們也沒什麼好說的了……西萬尼。
主角仍舊是麗絲玲。
我們回家吧。今天煮關東煮來吃好了。
好啊，順便熱點酒來喝。
等等，我們的角色設定是高中生，這種對話不太適合吧？

第3章

新世界

美國、澳洲、紐西蘭、智利、阿根廷、南非、日本

新世界的葡萄酒，有著顯而易見的美味。

美國

Amérique

當你想喝「單純又美味的葡萄酒」時，就選美國。

世界第一的葡萄酒消費大國——美國。
為了不輸舊世界，
利用最尖端的科技來追求美味的葡萄酒。
說到美國葡萄酒，很多都是一開始
就把水果味「大剌剌」地展現出來。
YES！
USA
plenty
Fruit
WAO！
JUICY！
YEAH！
有名的品種們到了美國，
也全都被美國化了。
HEY，
小妞
啊？
卡本內．
蘇維濃同學!?
夏多內，妳
怎麼打扮成這樣？
黑皮諾同學，不要
再嚼口香糖了。
請盡情體驗個中不同。
不會吧……
這也是
我們啊－
就是說啊——

大航海時代之後才開始製造葡萄酒的國家，就稱為「新世界」。

其中，表現出不輸舊世界的存在感的，就數超級大國的美國吧。

畢竟美國本身就是葡萄酒的世界第一消費大國，而且他們也有著「凡事不爭到第一，誓不罷休」的國民性。

葡萄酒愛好者們所抱持的「新世界就是矮一截」的負面印象，如今正被美國這種不服輸又熱衷研究的精神大肆破壞中。

美國葡萄酒中，筆者個人最熱衷的，就數奧勒岡州的黑皮諾。

奧勒岡州的黑皮諾是從勃艮第引進的品種，但他們所使用的標準，比美國葡萄酒法規來得更加嚴格，所以品質非常高。而且，又帶有一種不同於勃艮第的美好餘韻，所以筆者十分喜愛。即使到現在，能假裝以葡萄酒通的身分，對大家說「奧勒岡州的黑皮諾也值得注目」，仍讓我興奮得不能自已。

只不過，以一般常識來說，提到美國葡萄酒時，會想到的應該是加州。因為加州所製造的葡萄酒，占了總產量的九成。

加州葡萄酒的開端，是源於一位名為羅伯・蒙岱維（Robert Mondavi）的生產者伯伯（已故）。

這位伯伯造訪歐洲，學習葡萄酒時，察覺到「美國的葡萄酒有鹹味」，於是開始為製造不輸歐洲的葡萄酒而奮發努力，最後才奠定了如今加州葡萄酒的基礎。我想，對他來說，「波爾多就等於一種憧憬」吧。

他與波爾多區域的梅多克地區擁有一級酒莊【木桐酒堡】的莊主羅柴爾吉德先生（Mr. Rothschild），一起製造出名為【作品一號】的葡萄酒，雖然是高級葡萄酒，但味道渾厚，酒精濃度高，充滿了水果味。

許多美國葡萄酒，都是這麼「易懂」。不知是否與美國人的氣質就是如此有關，總之美國葡萄酒傳達出來的是「就是喜歡跟大家一起熱鬧地吃BBQ」的氛圍，而非要人安安靜靜地品嘗其細膩滋味。

雖說如此，但美國就是美國，他們甚至成立了葡萄酒的專門大學，以科學性的角度研究葡萄酒。他們藉助NASA的人造衛星、GPS的力量，並將地形轉換成3D，又採集日照時間、晝夜溫差、排水等的數據，計算出哪裡才是最適合當作葡萄果園的場所。

就像是用數據分析來擬定戰略的日本「ID棒球」一般，美國人也用數據來代替老師傅們的直覺，也因此才會這麼好喝。

新世界的葡萄酒所使用的，幾乎都是單一品種。而多數葡萄酒，都會將品種名寫在瓶身標籤上，所以購買時易於挑選。

不過，美國政府指定的葡萄栽培區域的規範，稱為「AVA」，其規則類似於法國的AOC（AOP），標示出的產地範圍愈狹小，就代表愈稀有、愈高級。這部分和舊世界是一樣的。

加州最有名的兩個區域為，納帕谷（Napa Valley）和索諾馬谷（Sonoma Valley）。只要知道「納帕谷是以**卡本內．蘇維濃**為主的波爾多風；索諾馬谷則是以**黑皮諾**、**夏多內**為主的勃艮第風」，就能對這兩個地方掌握得差不多了。

但筆者分不太出來味道的差異。筆者認為，當「小孩舌頭」想要得到滿足時，很適合選擇加州葡萄酒，因為它有著易懂的美味，但溫暖的地方製造出的葡萄酒，味道總是會散漫開來，所以很難展現出細部的味道差異。

加州的黑皮諾等品種，喝第一口時，味道會排山倒海而來，令你感到吃驚，感到這跟原本自己所認知的黑皮諾不一樣。你會想說：「那纖細的冰山美少女到哪裡去了？……喂，美國！

你把我的**黑皮諾**怎麼了！」然後，面對這樣一個完全化身成「必取」的**黑皮諾**，你會忍不住在社群網站的貼文中，輸入「**【悲報】黑皮諾**赴美後就崩壞了」的低俗貼文，但最後又發布不出去，甚至令你幾乎陷入自我厭惡……這些品種到了美國就是會同化到這般程度。而加州特有的品種**金芬黛**，更是有著強勁而厚實的味道，感覺就像是一輛大排氣量的美國汽車，或是和異形搏鬥的女士兵，讓人不禁覺得「真不愧是美國品種」。

雖然說了這麼多美國葡萄酒的壞話，但如果你的預算在六百元以內的話，那麼筆者絕對會建議你，與其去買那些品質不佳的舊世界葡萄酒，還不如買新世界的葡萄酒，尤其美國葡萄酒在「科學」的加持下，更是在新世界中有相當出色的表現。或許正是因為筆者對美國葡萄酒太過熟悉，才會忍不住對美國多抱怨幾句吧。

Point 過分好喝到令人發笑。

9成

美國的葡萄酒有 9成
是產自加州唷。

☆ 加州

在加州的葡萄酒法規中，是以「單一品種」為高級葡萄酒。

高級葡萄酒
單一品種酒（Varietal Wine）。
瓶身標籤上標示著品種名。
中級葡萄酒
原裝酒（Proprietary Wine）。
有標示區域名、生產者名。
品種為混釀。
日常葡萄酒
普通餐酒（Generic Wine）。
標示著「夏布利」「勃艮第」等
的歐洲名稱。

原裝酒＝從葡萄的栽培、釀造到裝瓶，
都由葡萄酒莊一手包辦。

↓ 剩下的1成 ↓

☆ 奧勒岡州

黑皮諾很美味。
筆者個人很看好！

☆ 華盛頓州

很多都是夏多內。
這裡與波爾多緯度十分相近。

☆ 紐約州

以紐約客為目標消費者的都會派葡萄酒。

美國

美國

Amérique

【主要品種】

卡本內・蘇維濃（美）

紅

暫停念書，轉而努力健身的卡本內・蘇維濃。水果味、酒精濃度、酒桶的風味皆十分強烈。

金芬黛

紅

精力充沛、性情溫和的大姊頭。以濃縮而強勁的水果味讓眾人臣服。

夏多內（美）

白

完全美國化的偶像。帶有鳳梨或熱帶水果般的水果味。

黑皮諾（美）

紅

赴美後變得豐腴的黑皮諾。帶有水果味，初學者喝起來也十分順口。

在義大利也稱為普里蜜提弗（Primitivo）。

……
咦……？
Oh～
黑皮諾……？
!?
Oh！你就是轉學生吧？
你好唷!!!
美國也有栽培廣受全球喜愛的黑皮諾。
咦!? 的確是黑皮諾，但變成金髮而且有點豐滿……
比起法國的黑皮諾，更添醇厚與濃郁感，對初學者來說，也很容易接受。
美國的卡本內．蘇維濃有著強烈的木桶感、水果感和酒精感。
Hey！轉學生！要練肌肉的話，我陪你★
握拳……
!?
!?
身體鍛鍊得很結實（味道明確），因此成了也能滿足一般人口味的優等生。
夏多內則是到了美國，就變成了性感豐腴的品種。
大家一起出去玩嘛～☆
帶有鳳梨感、熱帶水果感、果汁感的水果味，以及木桶所帶來的滿滿的香草風味。
夏多內非常容易融入環境，所以到了美國也深受美國化所影響。
轉學生，你要吃嗎～？
特製熱帶水果可麗餅!!
啊……美國真恐怖。
但你還是很喜歡吧？
喜歡。
老實說

澳洲

Australie

在超市裡感到猶豫不決時，就買澳洲葡萄酒。

澳洲葡萄酒是以原名為希哈的
「希拉茲」品種為主。
希哈
希拉茲
粗獷味更上一層樓
大致與美國葡萄酒類似，是一種
「小孩式美味」的葡萄酒，適合搭配像是
BBQ等的「小孩式美味」的料理。
OH YEAH
肉
好好吃
吱吱吱
吱吱吱
不過，整體來說比美國優雅一些，
且略帶尤加利葉般的清爽感。
有！
確實……
有……！
蠕動……
蠕動……
在澳洲有許多野生動物。
療癒
療癒……
或許是牠們的存在，
成了澳洲葡萄酒的風土條件。

在日本，澳洲葡萄酒已變得隨處可見，包括繪有袋鼠插圖的【黃尾袋鼠】（yellow tail）等品牌。

澳洲葡萄酒也幾乎都是單一品種酒（Varietal wine），其中最常使用的品種就是，原名為希哈（法）的希拉茲。有時也能看到混釀的葡萄酒，而混釀的話，大多都是卡本內．蘇維濃×希拉茲的組合，因為兩種皆為厚重的品種，所以搭配起來十分適合。

其他單一品種還包括夏多內、卡本內．蘇維濃，無論是哪個單一品種，幾乎都會標示出品種，因此易於選擇，實際上喝的時候，也會充分表現出該品種的特徵，味道十分易懂。

澳洲位於南半球，大部分的區域都十分溫暖，與加州的氣候特徵十分類似，因此兩者想必皆是自BBQ烤肉文化中誕生的葡萄酒，有著「小孩式美味」的感覺，也就是在大口咬著巨大的烤肉時，搭配起來很美味的葡萄酒。所以，它們必須是味道強烈的葡萄酒，才不會被重口味的烤肉蓋過。

因此，比起希哈（法），希拉茲（澳）在辛香料味、土壤味上都更上一層樓，給人一種真的栽培得十分粗獷的感覺。

再加上，栽培的環境十分溫暖，因此帶有淡淡的甜味。或許可以說是接近巧克力的味道。即使品種相同，只要產地不同，栽種出的性格就會跟著改變，因此試著比較不同產地的葡萄酒，或許也是挺有趣味的喝法。

不過，同樣是在澳洲，卻有個產地比較特殊，就是位在西側，被稱為「瑪格麗特河」（Margaret River）的地方。因為此地類似於法國地中海型氣候，所以會製造出高雅而細膩的葡萄酒，不太像是新世界的味道。

這時雖然很想說，請各位一定要多留心澳洲西側的葡萄酒，但筆者自己也沒有多留心，光請各位讀者留心，似乎有點說不過去。

其實無須特別留心哪裡，澳洲的葡萄酒大致上都是既便宜又好喝的，所以不必太花心思挑選，應該也不至於會買到令自己後悔的葡萄酒。

此外，據說澳洲對於環境保護十分講究，在葡萄的栽種上也盡量不使用化學藥劑，所以對身體健康更有好處吧。

Point 這個國家能讓人隨興享用美味而厚重的紅酒。

第一個採用螺旋蓋的國家，
就是澳洲。

不是軟木塞的話，感覺就不對了……

雖然有些人會有上述的感覺，但其實螺旋蓋——

1. 開瓶容易！
2. 密閉性高，可防止葡萄酒氧化。
3. 不會有軟木塞汙染的問題。
4. 喝剩時，可輕鬆蓋上瓶蓋，
   還能橫躺地放入冰箱。

鼾聲
ZZZZ

不是廉價品唷！

因為這些實用性受到肯定，
所以現在連舊世界
也開始採用螺旋蓋了。

澳洲

Australie

【主要品種】

夏多內（澳）

白

這裡的夏多內被賦予了樂天的澳洲氣質。十分適合搭配BBQ享用。

希哈（法）改為希拉茲（澳）

紅

變成更加黝黑、更加粗獷的少女。在辛香料風味中帶有甜味，有點巧克力味。

卡本內・蘇維濃（澳）

紅

衣服一脫不得了，成了細瘦型肌肉男。與希拉茲混釀，則會變成最頂級的重量級葡萄酒。

啊，小姐！
你先回去！我再去玩一會兒！
法國的希哈到了澳洲，名字就改成希拉茲了。
奔跑
因為澳洲是一片溫暖的土地，所以較之於法國的希哈，希拉茲的顏色和味道都變濃了，感覺也變得更加活潑自由。
辛香料味降低，加上了甜味和水果感，還有一點巧克力味……
又在這種地方……
仔細品嘗的話，
熟睡——
或許能感到淡淡的撩人魅力。
嗨，希拉茲！
啊！

卡本內・蘇維濃！
你來啦——!!!
我想來跟妳一決高下！
哼……想對決……？
澳洲的卡本內・蘇維濃與美國相似，是相當厚實的紅酒。
瞪……
卡本內・蘇維濃和希拉茲混釀時，就會變成震撼力十足的強勁紅酒！
碰
撞
挺有本事的嘛！
妳也不賴！能力又提高了嘛！
咚
砰
衝刺
槓
我們也望塵莫及啊……
是啊……
一點都不高貴……
夏多內則是簡單易懂地被染上了澳洲的色彩。
哇——好可愛
毛茸茸
↑ 幾位強而有力的品種 ↑

紐西蘭

Nouvelle-Zélande

盡情地喝「白蘇維濃」。

紐西蘭的代表性葡萄酒是，
白蘇維濃的干型白酒。
讓人喝了會清醒過來的潑辣
而清麗的滋味，
飄香……
刺眼
光芒
……!!!
在全球得到好評。
尤其馬爾堡（Marlborough）地區，
受到晝夜溫差極大的影響，
強光
而孕育出了香氣凝縮的絕佳白蘇維濃。
因為她還帶有恰到好處的
水果味，
呵……
過獎了
這也沒什麼
了不起的。
哇!!
這個白酒超好喝！
我不太會喝
葡萄酒，
但這個味道
我好喜歡
好厲害!!
你怎麼
會知道
這個白酒？
所以非常適合介紹給還不太習慣
喝酒的人。

澳洲是希拉茲的紅酒，那紐西蘭就是白蘇維濃的白酒——只需要記住這句話就夠了。比起法國或其他區域，紐西蘭的白蘇維濃，有著非常明確的青澀感、檸檬和花草香。雖然味道具有刺激性，但與其他白蘇維濃相較，法國羅亞爾河區域的【松塞爾】【普依芙美】是極為不甜且帶有一點酸味，紐西蘭卻是在刺激性中又加入了溫和的「水果味」。

如此一來，會發生什麼事呢？那就是變得超級好喝。

剛成年的女性，第一次接觸白酒時，若你要讓對方說「這個白酒好好喝」，那就沒有比這更好的選擇了。也就是說，它是一種十分易懂的美味。

筆者認為，只要挑選品種即可，沒有必要刻意去記地名，但馬爾堡地區是盛產白蘇維濃的地方，各位不妨找找看標籤上寫有「馬爾堡/Marlborough」這個單詞的葡萄酒。

順帶一提，紐西蘭意外地能找到使用黑皮諾而很美味的紅酒。因為此地比勃艮第溫暖，所以稍稍去除了一些氣質與稜角，味道變得十分順口。雖說如此，但它又沒有加州那種刻意討好的感覺。

Point 反正先嘗試白蘇維濃就對了。

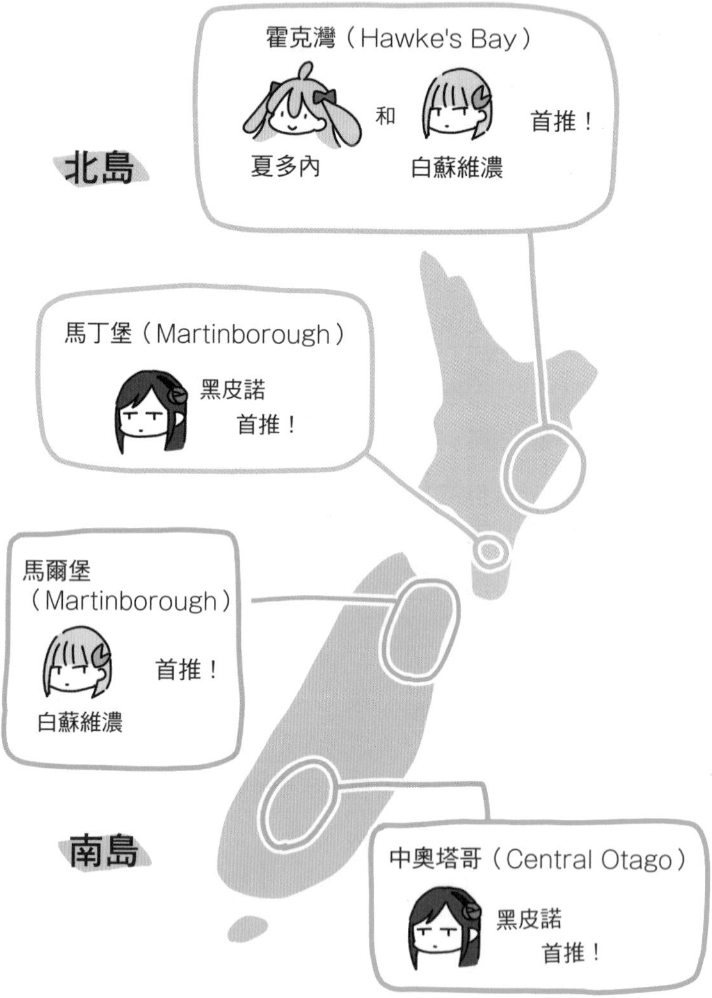
霍克灣（Hawke's Bay）
夏多內
和
白蘇維濃
首推！
北島
馬丁堡（Martinborough）
黑皮諾
首推！
馬爾堡
（Martinborough）
白蘇維濃
首推！
南島
中奧塔哥（Central Otago）
黑皮諾
首推！

紐西蘭

Nouvelle-Zélande

【主要品種】

白蘇維濃（紐）

白

乖巧又酷酷的天然呆美少女。蔥或花草香般的青翠香氣更加強烈。

黑皮諾（紐）

紅

仍然帶有高貴與美麗，但味道變得爽朗明亮而十分具有協調性。

沙……
紐西蘭的白蘇維濃
身上所帶有的花草香和青翠感，不知為何比其他地方強烈許多，真的十分美味。
沙沙……
感受到夏天氣息的同時，也讓人的喉嚨與心靈，都如同得到了清風的滋潤。
紐西蘭的黑皮諾是甜味與酸味十分協調的葡萄酒。
雖然水果味不比美國強，
味道的複雜性也比不上法國，但爽朗明亮而單純的滋味，令人感到十分容易親近。

智利

Chili

要記憶單一品種的味道，就選智利。

智利是新世界的先驅。
智利的很好喝唷!!
而且味道很易懂。
咦？
咦？
還有，又便宜！
你知道多酚的健康效果嗎!?既有益健康，而且智利葡萄酒又便宜，現在很流行唷。
單一品種、美味易懂、價格合理！
在超市或超商經常可見，
啊，這是上次喝了很好喝的那支酒。
容易購得，也是它的魅力之一。
如今，智利已逐漸成為新世界中的「老字號」，
智利葡萄酒
4,978日圓
而開始製造起能媲美波爾多的高級葡萄酒。
不過，想要記憶基本的品種特徵，
智利仍是最適合的國家。
原來如此！
真好懂。
卡本內．蘇維濃
夏多內
黑皮諾
梅洛
……

過去的智利葡萄酒給人的印象，就是只是「廉價葡萄酒」而已。

但曾幾何時，智利開始有了「新世界的先驅」之稱，成功地改變形象，讓大家覺得「智利便宜又美味」「選智利的**卡本內・蘇維濃**，絕對錯不了」。

現在，智利反而開始製造起了高級葡萄酒。比方說，擁有【木桐酒堡】的羅斯柴爾德（Rothschild）企業所製造的【阿瑪維瓦】等葡萄酒，便十分有名。這類葡萄酒，沒有舌頭經驗值或味道偏好上的門檻，而是讓人明白易懂地體會出其高級感。

因為智利葡萄酒也屬於新世界，所以基本上是「單一品種」，只要看瓶身標籤，就很容易判斷酒的味道，但有些地方也在模仿波爾多製造混釀的酒，

紅酒的話，有**卡本內・蘇維濃**、**梅洛**、**黑皮諾**；白酒的話，則有**夏多內**、**白蘇維濃**等等，基本款的品種可以算是一應俱全，且比起其他國家，都更柔滑而易入喉。另外，智利葡萄酒酸味少，水果味重。智利還有使用**卡門內里**品種，直到最近這個品種都還經常被誤認為**梅洛**。

每個品種的酒都既便宜，又不容易踩到地雷。所以，**想要掌握品種的特徵時，選智利就錯不了。**

像是大家所熟悉、帶有自行車標誌的【鑑賞家酒莊】（Cono Sur），或者，孔雀酒廠

（Viña Concha y Toro）所生產的【旭日】（Sunrise）、【紅魔鬼】（Casillero del Diablo）等酒款，都是在日本超市、超商等任何店家，經常能看到的葡萄酒。

為何智利葡萄酒如此出色，筆者卻沒有大加讚賞呢？這是因為我覺得，**如果只滿足於智利葡萄酒的話，就太無趣了。**有些人喝過一次而喜歡上智利葡萄酒後，就一直固定只喝智利葡萄酒。又是智利？因為絕對錯不了啊。就像在日本，要吃煎餃，就會想到「王將餃子專賣店」；要吃咖哩，就會想到「COCO壹番屋咖哩」。這樣當然也沒關係。

但筆者認為，如果這種價值觀確立下來的話，恐怕就無法成為真正的「葡萄酒愛好者」了。葡萄酒是一種冒險。希望各位無論喝到是好是壞的葡萄酒，都能**將這些經驗當成一種財產，然後踏上一段窮盡畢生以找尋「自己的葡萄酒」的旅程。**不管再怎麼喜歡穩定性高的智利葡萄酒，還是希望各位也能抱著強大的好奇心，試試看其他國家的葡萄酒。

順帶一提，說到智利，大家經常提起的，就是**「根瘤蚜」（Phylloxera）的害蟲傳說。**十九世紀後葉，出現了名為根瘤蚜的害蟲，全球的葡萄樹因此慘遭毀滅性的打擊。然而，智利卻奇蹟式地逃過了這場害蟲劫難。當時自法國引進智利的樹苗，至今仍一代代地繁衍下來，這使得智利成了對全球而言，十分珍貴的產地。

Point 任何人來喝，都會覺得美味的葡萄酒。

智利因為地理位置孤立，
因此躲過了根瘤蚜蟲病的侵害，
讓最純的品種們在這裡生長茁壯至今。

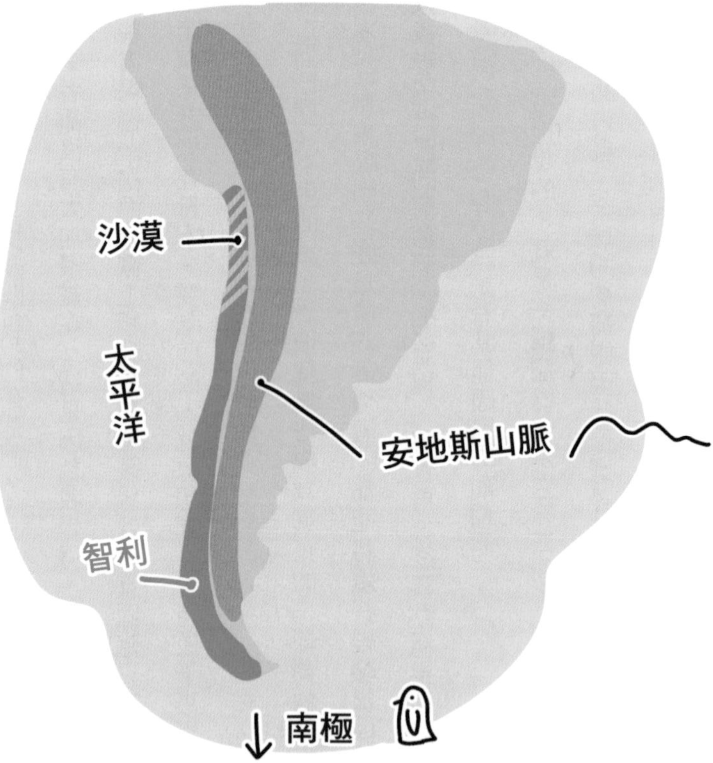

智利

Chili

【主要品種】

夏多內（智）

白

和藹可親、大家的偶像。不酸不甜，目標成為眾人愛戴的味道。

卡本內・蘇維濃（智）

紅

亦有「智利卡本內」之稱。有著易懂式美味的紅酒，但味道愈來愈高雅。

卡門內里

紅

成天吃個不停、有著自己的步調的男孩。帶有醇厚的水果風味，粗澀味（單寧）較低。

梅洛（智）

紅

落落大方而醇厚的大姊姊。似乎太過豐腴了一點，酸味也消失了。

黑皮諾（智）

紅

暫且不提原本氣場強大的高貴與美麗，還是能享受到黑皮諾的那種氛圍。

智利的卡本內．蘇維濃，又稱為「智利卡本內」，易懂式美味紅酒的代名詞。
鄰家男孩！
我愛智利
然而，最近似乎慢慢出現了接近舊世界的高雅氛圍。
似乎變成了
潮男!!
智利的梅洛雖然不甜，但幾乎沒有酸味。
豐腴～
夏多內不酸不甜。
白蘇維濃是花草香變得很溫和。
較溫和
發呆
我該表現出什麼樣子才好？
黑皮諾不像美國那麼黏稠。
智利葡萄酒給人很強烈的界於平均值的「中規中矩感」，品種們的個性不太明顯。但反過來說，就是容易入口，十分受到初學者喜愛。
規
矩
中
中
不過，卡門內里的甜味和黏稠感，十分有個性！一定要試試看。
嚼嚼
嚼嚼
肉好好吃唷♡

馬爾貝克在波爾多，
被當作次要的輔助品種使用。
每次都讓你幫忙，真謝謝——
不用客氣啦——
?
蘋果
橘子
但海拔高、日照強的阿根廷，
讓馬爾貝克的單寧
變得更成熟，因此
能將潛力完全發揮！
一舉登上主角的寶座
閃閃
發光
白酒的俏麗
顯眼的多隆蒂絲，
味道也十分迷人，
竟然沒流行起來，
實在是不可思議。
那麼可愛，竟然
是個男的……
已經算是
一種罪惡
了吧……
同樣是南美洲，
智利葡萄酒像是躲在暗處，不太起眼的角色，
來找出我們唷
但阿根廷葡萄酒則是既便宜又美味，
而且充滿個性，未來受到看好！

阿根廷

Argentine

要了解單一品種，也可從阿根廷入手。

提到阿根廷，頂多只想得出足球和探戈，而且也搞不清楚阿根廷和同為南美國家的智利，有什麼不同。

面對這樣的人，筆者會想請他坐在沙發上，讓他左邊喝一口馬爾貝克，右邊喝一口多隆蒂絲，左右交替品嘗，好好感受那種全身酥軟的陶醉感。

阿根廷的國民確實很愛喝葡萄酒，需求量大，所以過去他們重量不重質，但因海外資本流入，栽培及釀造的技術不斷提升，如今，阿根廷甚至已開始生產起兩千多元以上的高級葡萄酒了。

而**阿根廷葡萄酒的主要品種，就是紅酒的馬爾貝克。**

用馬爾貝克釀製出的葡萄酒，顏色濃厚，與其說它是波爾多色，不如說它有著近乎黑色的厚重感，喝起來應該會有飽滿豐盛的水果味……吧？會有吧？咦？怪了。結果，它的味道意外輕盈，猶如一記四兩撥千斤，將你的期待輕輕撥開。這種被閃躲掉的期待落空感，是會讓人上癮的。

另外一個不可不提的品種，就是白酒的多隆蒂絲。老實說，它的味道就像水果優格，有著一種輕輕穿透過去的水果感，而那溫和的甜味會在你的喉嚨中融化。

雖然不是十分主流的品種，但筆者認為它的味道相當迷人。在酒吧裡，為客人端上多隆蒂絲，尤其對方是年輕的女客人時，往往有很高的機率可以聽到「哇，好好喝♡」的反應，因此對筆者來說，它十分寶貴。

此外，阿根廷的馬爾貝克×卡本內．蘇維濃的混釀，和夏多內的單一品種，都有著易懂的美味。

平均來說，阿根廷葡萄酒的CP值都很高，因此，想要記憶主要品種的特徵時，除了智利之外，阿根廷也是不錯的選擇。

Point 出色的次要品種，出色到讓人忍不住懷疑，怎麼會沒被選為主要品種。

自安地斯山脈吹下來的暖風，
讓葡萄更加成熟，且不易發生病害，
所以也盛產有機葡萄酒。

阿根廷

Argentine

【主要品種】

馬爾貝克

紅

外表粗獷，內心住著一個粉紅系男孩。帶有黑加侖和紫花地丁的香氣，以及恰到好處的粗澀味（單寧）。

多隆蒂絲

紅

外表看起來完全是個女孩，但實際上男扮女裝，也就是所謂的偽娘。有著如同水果優格般的甜甜香氣。

喵
喵
喵嗚—
哇！是隻幼貓！好小哦!!
喵—
過來！過來！
轉學生。
緩緩地……
馬爾貝克同學。
馬爾貝克是阿根廷代表性的紅酒品種。
哇—
你很喜歡貓耶。
小喵喵～！好可愛～！
厚重而帶有成熟的藍莓感，這種類型的紅酒很常見。
喵
你的馬麻呢～？跟馬麻走散了嗎～？讓葛格來幫你找～還是說你要跟葛格回家？
但馬爾貝克的厲害之處，就在於他的顏色非常深，深到幾乎呈黑色！然而他的口感，卻又沒有外表看起來那麼強烈。
真的好可愛。
落差萌!!
嗯。
白酒的多隆蒂絲有著像水果優格般的鮮果風味，以及花般的嬌豔香氣。
我也想摸摸牠♥
馬爾、轉學生同學，早安～！啊！♥小貓咪♥怎麼那麼可愛啦～！
因為有著一種可愛的氛圍，所以是十分受到女孩子們喜愛的品種。
多隆蒂絲同學總是這麼可愛。
但他是男的。
多隆隆，早安!!!
你看，很可愛吧—!!!
要取什麼名字!?
幫牠取一個可愛的名字嘛!!

南非

République
d'Afrique du Sud

因為非常便宜，所以能找到美味葡萄酒。

南非自從1991年種族隔離制度廢除後，建立葡萄酒莊的農家就開始激增。
建立葡萄酒莊。
我也要。
我要建立葡萄酒莊。
葡萄酒的品質不斷提升。
他們和其他新世界一樣，開始生產——
卡本內・蘇維濃
夏多內
希拉茲
等等的單一品種，不過，最能代表南非的，就數「皮諾塔吉」。
她是由細膩的黑皮諾和強健的艾米達吉（仙梭），兩者交配而誕生的!!
充滿非洲味
艾米達吉（仙梭）
黑皮諾
皮諾塔吉
南非葡萄酒的特色就是，經常有著低廉的價格。
我們才剛剛起步，但是，我們也很有本事！請大家多多支持！
其價格不隨著受歡迎的程度而調漲，所以買起來說不定很划算！

南非的代表品種，就是皮諾塔吉。

除此之外，沒什麼特別值得一提的，南非的葡萄酒就是如此簡單。

皮諾塔吉是由兩品種交配而生的南非原創品種，兩品種分別是，冰山美人的貴婦**黑皮諾**，以及**仙梭**改名而來，量產而又健康的**艾米達吉**。

黑皮諾是兼具人氣與實力的全球頂尖品種。但她不耐熱又討厭蟲子，所以在勃艮第以外的地方，很難發揮出原本的實力。南非便將它與以強健體魄為賣點的**艾米達吉**交配，於是產生出超健康的**黑皮諾**，也就是**皮諾塔吉**。

那**皮諾塔吉**喝起來是什麼感覺呢？若是喝過**黑皮諾**的人，它所帶來的印象就是「以**黑皮諾**來說，體格真是結實了許多啊」。

其中也有好喝的皮諾塔吉，但非洲脫離種族隔離制度的歷史尚淺，才剛剛開始鑽研葡萄酒的技術，因此味道可說是還在向上發展的途中。

在日本，非洲葡萄酒經常被「放在拍賣花車裡以超低價促銷」，目前的確仍是這種定位的葡萄酒。

但回顧過去，在只有法國、義大利的葡萄酒才能得到認同的時代，南美和美國的葡萄酒同樣不被人看在眼裡，大家一聽到就會想說：「蛤？新世界的葡萄酒怎麼能喝？」而如今，新世界葡萄酒中，已誕生出許多舉世聞名的葡萄酒品牌，無論知名度或價格都不停飆漲，不是嗎？

所以，筆者認為「昔日的南美，就是今日的南非」。

其中，一定找得到廉價的珍品。等到已經習慣美味的葡萄酒到一定程度時，或許抱著對南非後勢發展的期待，尋找看看「喝起來意外地還不賴的葡萄酒」，兼做一種投資，也是不錯的選擇。

Point

找找看有沒有
既便宜又好喝的葡萄酒。

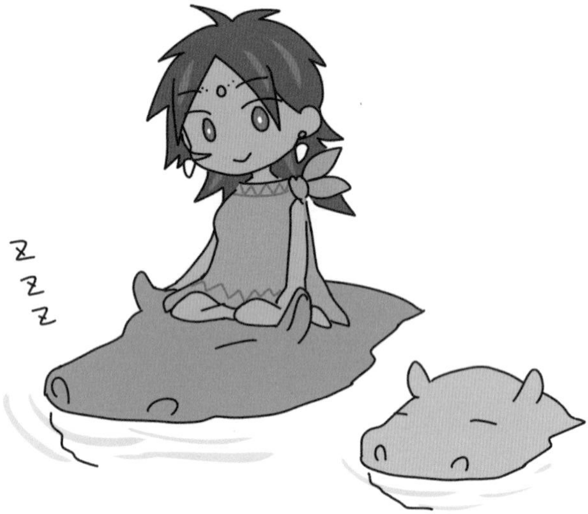

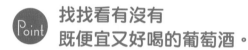

南非

République
d'Afrique du Sud

【主要品種】

皮諾塔吉

紅

出生自南國而怕冷的舞蹈少女。野性十足的水果多汁感，十分具有魅力。

艾米達吉（南非）
仙梭改為

紅

不畏酷暑的健康女孩，和黑皮諾生出充滿活力的皮諾塔吉。

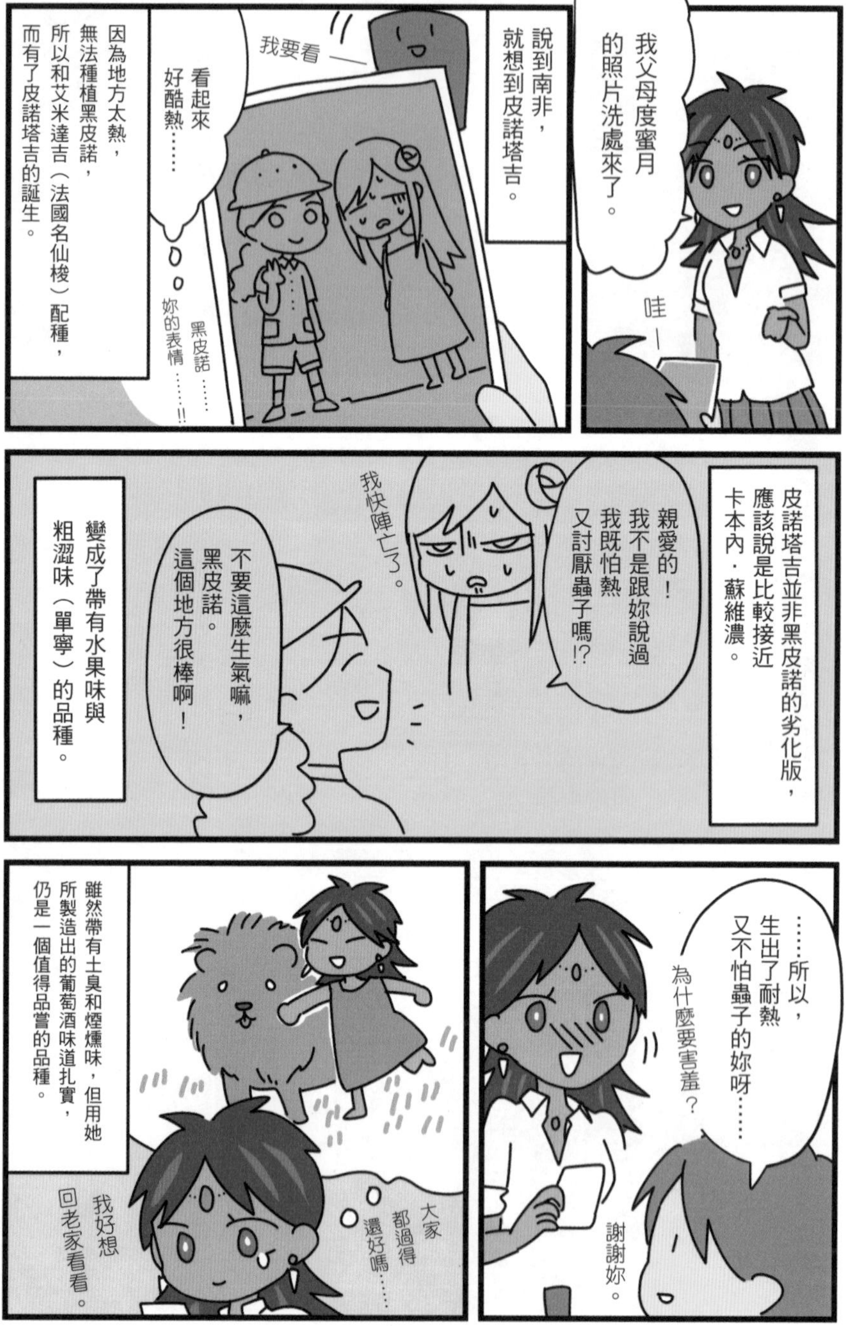
我父母度蜜月的照片洗處來了。
哇—
說到南非，就想到皮諾塔吉。
我要看—
看起來好酷熱……
黑皮諾……
妳的表情……!!
因為地方太熱，無法種植黑皮諾，所以和艾米達吉（法國名仙梭）配種，而有了皮諾塔吉的誕生。
皮諾塔吉並非黑皮諾的劣化版，應該說是比較接近卡本內．蘇維濃。
親愛的！我不是跟妳說過我既怕熱又討厭蟲子嗎!?
我快陣亡了。
不要這麼生氣嘛，黑皮諾。這個地方很棒啊！
變成了帶有水果味與粗澀味（單寧）的品種。
……所以，生出了耐熱又不怕蟲子的妳呀……
為什麼要害羞？
謝謝妳。
雖然帶有土臭和煙燻味，但用她所製造出的葡萄酒味道扎實，仍是一個值得品嘗的品種。
大家都過得還好嗎……
我好想回老家看看。

日本

Japon

吃日本料理時，就喝「日本的白酒」。

大家常說，
日本的氣候與土壤，
不適合種植葡萄酒用的葡萄。
好熱……
一直下雨……
※ 她是黑皮諾。
※ 她是夏多內。
在努力不懈與費盡心思之下，
終於誕生出「勝沼的甲州」和
「新潟的貝利A麝香」的品種！
尤其，與日本料理一拍即合的甲州，
YEAH!
OH! Japanese Beauty!!
以味道分明的干型酒，獲得好評，
受到全球各地的肯定。
其他，包括山形的夏多內、長野的梅洛、
北海道的黑皮諾等高品質的日本品種，
也在持續增加，
未來十分值得期待。

日本的葡萄酒真的愈來愈好喝了。

無論在技術或品質上，紅酒或許還有點落後，但部分的白酒，已經好喝到足以站上國際舞台。

「甲州」就是一個受到世界矚目的日本品種。所有使用甲州的白酒中，筆者特別喜歡的是【CHATEAU酒折莊園 甲州Dry】。

它是清新爽口的干型葡萄酒，全然感覺不到多餘的水果味或雜味，讓人不禁感嘆道：「這味道真乾淨……」

閉上眼睛，腦海中彷彿會有日本「南阿爾卑斯」天然水的歌聲響起，以及清澈見底的河水涓涓流過。它就是一款讓人有這種感覺的葡萄酒。

此外，使用甲州的葡萄酒中，還有一款值得推薦給各位的，就是【Château Mercian 萌黃】。這名字取得真是不得了。【Château Mercian 萌黃】並非甲州的單一品種，而是混合了夏多內，它非常適合搭配蘸鹽吃的天婦羅，是一款不會對日本料理造成干擾的葡萄酒。不只夏多內，日本還自海外輸入了各式各樣的品種，但真正能釀製成美味的日本製葡萄酒的是，在山梨、長野、山形、北海道、京都等地栽種的葡萄。因為葡萄是在日本土生土長，味道當然適合日本人的味覺。日本也正在栽種各式各樣的品種，像是長野的**梅洛**、北海道的**黑皮諾**、山形的**夏多內**等等。

另外，日本也有種植**卡本內．蘇維濃**。其實日本與法國的波爾多區域，氣候有幾分相似，因此今後說不定會栽培出驚豔全球的**卡本內．蘇維濃**。

而說到日本原創的紅酒品種，就不能不提到**貝利A麝香**。這是一個可愛的品種，感覺有如新鮮櫻桃再加上類似黑蜜或番薯乾，但它才剛被認定為品種，所以還在發展的途中。無論人氣或實力，今後應該都會慢慢成長吧。

無論如何，在釀造與葡萄栽培的技術上，日本都有著向上提升的無限潛力。

那麼，為此我們可以做些什麼呢？

最好的做法，當然是增加日本葡萄酒的消費。只要消費不斷增加，就有資金可以投注在技術的提升上，葡萄酒本身的價格也會下降，然後就會因為既便宜又好喝，而更進一步刺激消費，形成一種良性循環。

Point 愈喝愈有日本味。

日本葡萄酒的等級，今後還會繼續提升。
不過，想要促進其提升，最好的辦法就是，
提高日本葡萄酒的消費量。

當大家都更懂得享受葡萄酒時，
總有一天，
日本一定也會孕育出，
驚豔全球的偉大葡萄酒！

日本

Japon

【主要品種】

甲州

白

害羞而沉默寡言，才德兼備的傳統日本美女。較易搭配日本料理，帶有高尚的香氣與味道。

貝利A麝香

紅

拉著害羞的甲州到處跑的活力少女。散發出淡淡的黑蜜和紅色水果的風味。

怦然……
甲州真的是很有日本味的品種。
散發出柑橘類的高雅香氣，淡淡的甜味與酸味，像清澈的河水般涓涓流過，
最後殘留在口中的，不是味道，而是香氣的記憶……
蘊含著這般細膩與深度的甲州品種，愈來愈受到全球肯定。
我！還有我！直接吃或釀成酒都美味的明日之星！我的名字就叫貝利A麝香！
比活力，比鮮嫩，絕對不輸任何人！請大家多多指教！
慢著！
其他還有長野的梅洛、北海道的黑皮諾、山形的夏多內等，被日本化的品種持續增加中。
再讓我多說幾句，我還有番薯乾之類的風味。
相信這些充滿魅力的品種們，今後將會以世界為舞台，大放異彩。

原來了解葡萄酒這麼簡單

終章

Épilogue

轉學生～！去吃午餐吧！
我幫你們占位子哦。
學生餐廳
嗯！
轉學生也跟大家完全混熟了呢～
呵呵
對啊！剛開始還一副提心吊膽的樣子。
真的……
熱熱
我用我的菜跟你換—
鬧鬧
明明是我硬把他帶到這裡來的，
偷吃一塊
但他卻努力了解葡萄酒，
我要吃你的鮭魚。
也喜歡上了葡萄酒……
看來，
我也不好再繼續強留他下去了……
店員小——姐
店員小——姐
店員小姐到哪裡去了……
啊，出現了！
真是的！妳跑去哪了？

辛苦你了。
弾指！
變
身!!!
!!
變回來了……！
所以說……！
是的，
我的法力恢復了。
這個世界也
稍微恢復了一些力量。
這都是你的功勞……
真的非常感謝你……
哪裡，
我也沒做什麼……
……這麼說來，
我
可以
回去嘍……
是的，
一直強留你在這裡，
真是對不起。
……店員小姐，
妳還會在那家店裡嗎？

不會，
我會到不同的地方，
繼續向人類進行
葡萄酒的推廣活動。
為了讓這個世界
持續存在下去……
為了讓更多的人
了解葡萄酒的美好……
彈指
啊！
我還沒有
謝謝妳告訴我
這麼多關於大家的事！
一陣亮光……
至少讓我
跟大家說……
要被送回去了！
只要你不忘記，
就一定……
就一定能
再見面哦……
一聲再見……
哇！
閃光……
謝謝……

……先生。
這位先生！
啊？
那、那個，不介意的話，我可以為您做介紹。
這……裡是……
是那天晚上為了買葡萄酒而隨機走進的店家。
怎麼了嗎……？
一切都一模一樣，只有店員小姐不同……
一切都是一場夢嗎……？
啊。
呃……這個嘛，我不知道該挑什麼葡萄酒，可以請妳給我建議嗎？
啊！那您要不要試喝看看這一款？現在正好有促銷活動。
這款我很推薦
謝……謝謝。
啊，好香。
喝一口

!!
卡本內・蘇維濃同學……
和梅洛同學……
不是夢。
……我
大家都一直存在於酒杯之中。
不久前還覺得，葡萄酒的味道還不都大同小異……
直到最近，才開始覺得原來全部都不一樣。
這個……
這是我們送給試喝客人的小禮物。
很可愛吧!?
啊，我不是要說什麼了不起的酒評啦！這支酒真的好好喝！我買這支！
臉紅——
謝謝您！
我也是最近才慢慢能體會葡萄酒的好，還有它們各自不同的個性……
啊，對了！
聽說它的名字是軟木塞大人唷~
原來這就是她的名字？
噗
謝謝惠顧!!

還沒有什麼真實感。
209
唉……從現在起，又要回到平常的日子了嗎……
開門
你回來啦……
啊，來了來了！
你好慢～！
睜大眼
辛苦了！
我們已經開吃了～
嗨──
洋芋片
果然是我想太多……
一成不變的損友們……
──還是那一成不變的日子。
葡萄酒買到了嗎？
鬧鬧
熱熱
你有好好選一支好喝的吧？
嗯，小有自信唷！
另外，我還買了葡萄酒杯回來。
相同卻多了點熱鬧，多了點複雜的日子，
再度展開……
咦？好專業──!!!
那我們就再來一次，
乾杯！

Conclusion

後記

就算了解葡萄酒，人生也並沒有改變。

不會因此提高人品，也不會因此得到周遭的推崇，更不可能因此變得桃花大開。當然，世上一定還是有些人，可以靠著葡萄酒知識的運用，讓人生過得一帆風順，但對筆者而言，稍微了解了一點葡萄酒，最多只能讓自己變成能向朋友提供意見，告訴他們「送禮時該選哪種葡萄酒」，而且這種事一年只會發生一、兩次。

不過，還是有一項好處。

當我開始想認真地喝葡萄酒，好好地感受味道時，才讓我重新了解「品嘗」這項行為。

我想，有不少人在長大成人後，會因為累積了許多知識與經驗，而變得無論看到美麗的景緻，聽到音樂，或看電影時，都不會把眼前的事物放在心上。

而筆者過去對葡萄酒也是如此。我總是一邊忘我地聊天，或一邊想著其他事情，一邊把葡萄酒當成隨便的酒，隨便的飲料，咕嚕咕嚕地喝下肚。直到有一次，試著把自己的時間停下來，好好喝一口葡萄酒，才覺得「這真不賴」。

我才發現，自己忘記了什麼是全新的邂逅。

自此之後，我不只對葡萄酒，也對任何事物，都養成了加以「品嘗」的習慣。比方說在旅行時，風景自然不在話下，我還會將心思放在那片土地上的光線、聲音和微弱的氣味上。這是一種很不賴的體驗。

當然，像蓋紀念戳章一樣，不斷蒐集各種「看過了」「聽過了」「去過了」的體驗，也是一種人生的喜悅。但我覺得，能夠偶爾停下來好好品嘗，也不失為一種人生喜悅。

若能讓讀了本書的讀者們，也為了區區一口葡萄酒，將時間停止，好好玩味各種「這真不賴」的瞬間，那將是筆者最大的榮幸。

本書透過插畫家山田Koro卓越的品味，將葡萄品種的性格，以「學園生活」這種奇幻的世界觀表現出來。

本書中，為了讓任何人看了都能清楚明白地理解，而刻意以極端的方式表現出各種味道、香氣與特徵，但每個人的感受方式不同，書中呈現的只是筆者個人的詮釋而已。這一點還請大家見諒。

希望各位讀者，都能與自己喜歡的「品種」邂逅，並建立起美妙的關係。

您要不要
試喝葡萄酒——

【參考文獻】

《男人和女人的葡萄酒：美女作家vs.王牌侍酒師的品酒對話》
伊藤博之&柴田早苗：著（晨星出版）

《弘兼憲史葡萄酒入門講座》弘兼憲史：著（積木出版）

《神之雫》亞樹直：原作／沖本秀：繪（尖端出版）

《つい誰かに話したくなる　クイズワイン王》葉山考太郎：著（講談社）

《今日はこのワイン！　24のブドウ品種を愉しむ》
野田幹子：著（日本放送出版協會）

《ワイン基本ブック（ワイナートブック　わかるワインシリーズ）》
Winart編輯部：編輯（美術出版社）

《ワインの基礎知識》若生Yuki繪：著（新星出版社）

《贅沢時間シリーズ　ワイン事典》遠藤誠：監修（學研Publishing）

《食の教科書　ワインの基礎知識》柳忠之：監修（枻出版社）

《読めば身につく！　これが最後のワイン入門》山本昭彥：著（講談社）

《Wine : A Tasting Course》Marnie Old：著（DK）

《ゼロから始めるワイン入門》君嶋哲至：著／辰巳琢郎：監修（KADOKAWA）

《月刊少女野崎くん　公式ファンブック》
椿泉：原作／SQUARE ENIX：企劃製作

本書在製作上，參考了以上書籍。
謹在此致上由衷的謝意。

原來了解葡萄酒這麼簡單：

圖解葡萄酒知識入門，寫給只憑感覺挑酒的你

小久保 尊 ◎著
山田Koro ◎插畫
李璦祺 ◎翻譯

出版者：大田出版有限公司
台北市104中山北路二段26巷2號2樓
E-mail：titan3@ms22.hinet.net
http：//www.titan3.com.tw
編輯部專線（02）25621383
傳真（02）25818761
【如果您對本書或本出版公司有任何意見，歡迎來電】
法律顧問：陳思成

總編輯：莊培園
副總編輯：蔡鳳儀
執行編輯：陳顗如　行銷企劃：古家瑄、董芸
校對：黃薇霓、李璦祺　美術編輯：張蘊方
初版：2017年（民106）三月十日
定價：新台幣 380 元

國際書碼：ISBN 978-986-179-480-8 / CIP：463.814 / 106001516

WINE ICHINENSEI by Takeru Kokubo
Illustration by Koro Yamada

First published in Japan in 2015 by Sanctuary Publishing Inc.
Complex Chinese Character translation rights reserved by Titan Publishing Co., Ltd. under the license from Sanctuary Publishing Inc.
through Haii AS International Co., Ltd.